화살나무
가죽나무

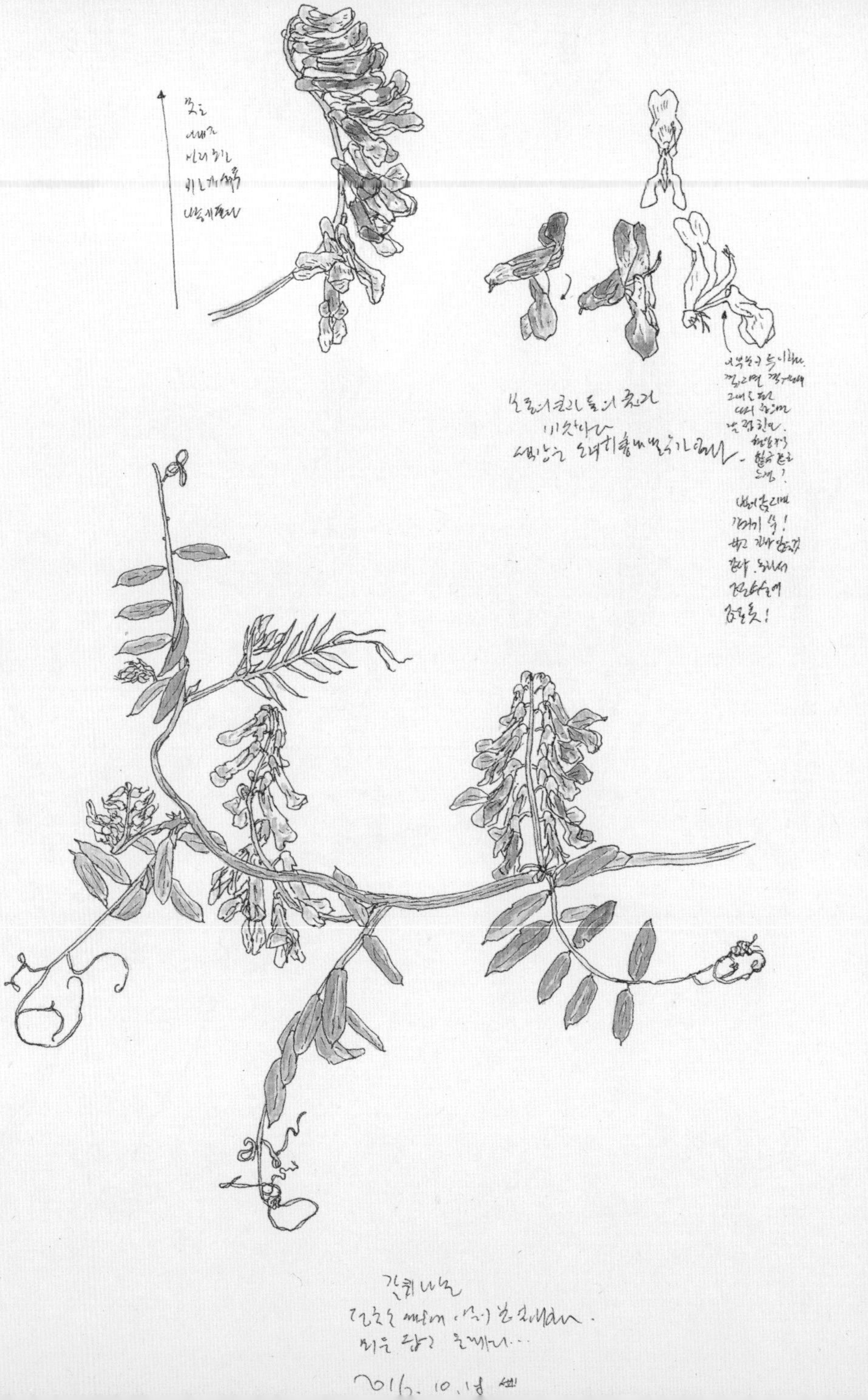
갈퀴나물

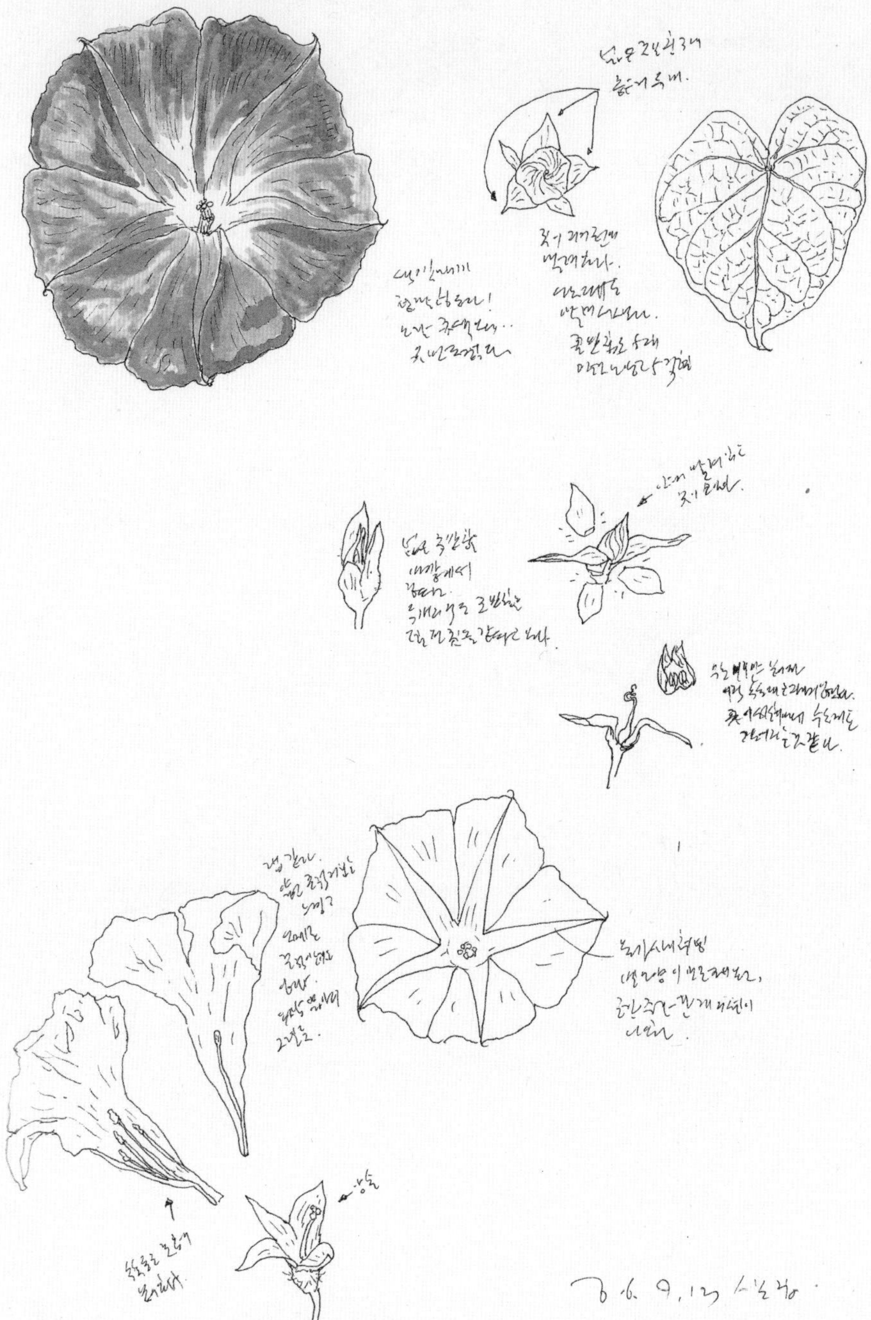
꽃이 피기 전엔
말려 있다.
시들 때도
말려 시든다.

꽃을 기다리다

꽃을 기다리다

황경택의 자연관찰 드로잉 두 번째 이야기

글 · 그림
황경택

가지 KINDS BOOK

꽃을 기다리다,
겨울눈을 그렸습니다.

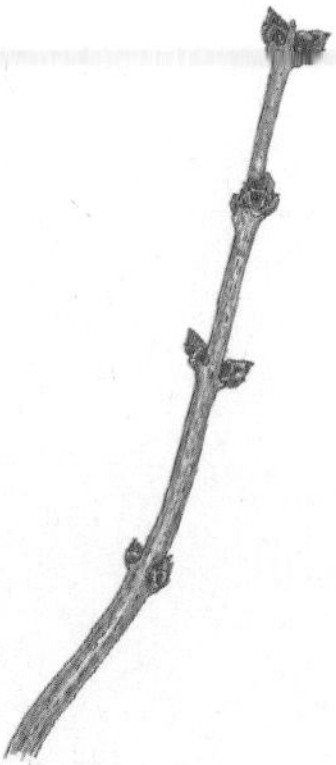

꽃을 기다리다,
새잎이 나는 것을 그렸습니다.

꽃을 기다리다,
꽃봉오리 맺히는 모양도 지켜보고
그 꽃에 날아오는 새와 곤충들도 만났습니다.

아니, 어쩌면
그 반대였는지도 모릅니다.

그 모든 자연의 변화를 쫓아다니다가
결국 꽃을 보게 된 것일지도.

오늘은
빨간 열매를
주웠습니다

꽃을
기다리다

이 책을 보는 법

'황경택의 자연관찰 드로잉'은 처음부터 두 권의 책으로 기획되었습니다. 2015년 가을에 펴낸 《오늘은 빨간 열매를 주웠습니다》가 첫 번째이고, 《꽃을 기다리다》가 두 번째입니다.

자연관찰 드로잉 책을 펴내면서 꽃보다 열매 이야기를 먼저 꺼낸 것은 '관찰-그리기'를 시작하고 훈련하는 데는 그쪽이 더 쉽기 때문입니다. 길에 떨어진 자연물을 주워 집에 가져와서 관찰하다가 익숙해질 때까지 그림을 그립니다. 나중에 현장에서 그리는 관찰 그림은 가능하면 빨리 끝내야 하기 때문에 미리 이런 방법으로 꾸준히 연습하면서 선 따는 법, 채색하는 법 등을 숙련해 두면 좋습니다.

반면에 그리기보다 식물 관찰에 더 관심이 있는 사람이라면 《꽃을 기다리다》를 먼저 읽기를 권합니다. 이 책은 겨울눈에서 새싹이 나고 꽃이 피기까지 나무의 온 과정을 기록합니다. 냉이와 봄동처럼 잎을 달고 겨울을 나는 로제트식물과 다양한 풀꽃들이 앞 다투어 꽃을 피우는 전략도 살펴봅니다. 이 이야기를 먼저 읽고 《오늘은 빨간 열매를 주웠습니다》로 이어지면 식물의 한살이가 머릿속에 온전히 꿰어질 것입니다.

두 책에 등장하는 식물들은 모두 우리 주변에서 쉽게 볼 수 있는 것들로 구성되었습니다. 어느 책이든 한 권을 들고 공원이나 들판을 산책하다 보면 책 속의 식물들을 대부분 눈앞에서 만날 수 있을 것입니다.

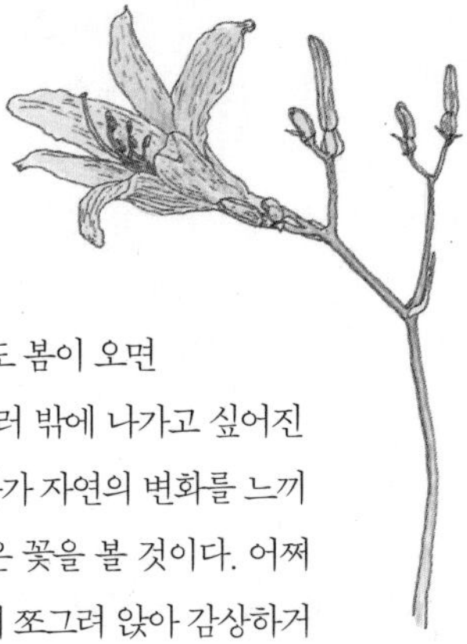

꽃을 좋아하세요?

자연을 사랑하는 사람, 혹은 그렇지 않은 사람이라고 해도 봄이 오면 왠지 따듯한 봄 햇살과 살랑 살랑 불어오는 봄바람을 쐬러 밖에 나가고 싶어진다. 꼭 봄이 아니어도 계절이 바뀔 때면 한번쯤 바깥에 나가 자연의 변화를 느끼고 싶어진다. 그때 우리는 무엇을 볼까? 아마도 대부분은 꽃을 볼 것이다. 어쩌면 당신은 벌써 주변에서 예쁜 꽃 한 송이를 찾아 그 앞에 쪼그려 앉아 감상하거나 카메라 셔터를 누르고 있을지도 모르겠다.

꽃은 예쁘다. 또한 신비롭다. 다양한 빛깔, 향기, 형태로 우리의 눈과 마음을 홀린다. 하지만 사람들은 꽃의 아름다움만 훔치고는 그 존재의 이유에는 별 관심을 갖지 않는 것 같다. 꽃을 보면서 이름이 뭘까, 먹어도 되나, 만져도 될까, 하는 단순한 호기심을 넘어 그 꽃이 왜 피었는지, 하필이면 왜 그 시기에 그 자리에 피어났는지, 왜 그런 모양과 색깔을 하고 있는지 질문을 던져본 적이 있는가?

나는 이번 책에 그 이야기를 담고자 했다.

식물이 꽃을 피우는 이유

꽃은 왜 피는 걸까? 인간을 위로하고 기쁘게 해주기 위해 신이 선물한 것일까? 아니다. 우리의 삶이 그러하듯 식물의 모든 단계에도 구체적인 이유와 스토리가 있다. 꽃이 아름다운 것은 아마도 식물의 생애에서 가장 중요한 순간을 맞았기 때문일 것이다. 한 해의 성장을 부지런히 마친 식물은 마지막으로 씨앗을 남기기 위해 꽃을 피운다. 말하자면 꽃은 식물의 생식기이다.

우리 인간을 포함한 동물은 암수 구분이 있어 짝짓기를 하고 자손을 퍼뜨리듯이 식물도 짝짓기를 통해 씨앗을 만든다. 식물의 짝짓기는 암꽃과 수꽃, 암술과 수술이 만나는 과정이며 이를 꽃가루받이(수분)라고 한다. 식물은 움직일 수 없기 때문에 혼자서는 꽃가루받이를 하지 못한다. 그래서 누군가를 불러 도움을 청해야 하는데 그것이 벌이나 나비, 새가 될 수도 있고 때론 바람이, 물이 될 수도 있다.

어쨌든 이런 목적을 위해 꽃들은 저마다의 전략으로 화려하게 자신을 뽐낸다. 그러므로 꽃을 관찰할 때는 화려한 색깔과 향기에만 현혹될 것이 아니라, 암술과 수술을 비롯한 꽃의 내밀한 기관들을 잘 살피고 거기에 담긴 생존전략까지 읽어내려는 노력이 필요하다. 여기에는 한 삶에 대한 진지한 관심과 끈질긴 탐구정신, 그리고 일말의 상상력까지 요구된다 하겠다.

꽃이 되는 모든 과정이 '꽃'이다

꽃은 왜 저런 모습일까? 그것은 꽃만 보아서는 알 수 없다. 꽃은 식물의 중요한 기관이기는 하지만 식물의 생애에서 그저 한 단계일 뿐이다.

꽃 한 송이를 피우기 위해 식물들은 추운 겨울에도 씨앗에 에너지를 끌어 모으고, 싹을 틔우고, 땅속 깊숙이 모세혈관 같은 뿌리를 뻗어 내리고, 그 뿌리로 물과 양분을 모아 새잎과 줄기를 만들고, 찾아오는 천적들을 막기 위해 갖가지 작전을 펴가며 안간힘을 쓴다. 저 혼자는 한 걸음도 움직일 수 없는 식물들이 끈질기게 삶을 이어가는 과정의 치열함을 알아야 꽃의 진짜 아름다움을 보았다 말할 수 있을 것이다.

결국 우리가 꽃을 보고, 기다리고, 사랑한다는 것은 식물의 온 생을 지켜보고 응원하는 일이어야 하지 않을까? 봄이든 여름이든 혹은 가을이든, 꽃을 관찰하고 그릴 때는 그 옆에 아직 피지 않은 꽃송이에도 눈길을 주고, 잎사귀 모습도 살피고, 나무라면 겨울눈도 들여다보자. 그렇게 꽃의 가까운 과거부터 추적하면서 호기심을 발동하다 보면, 아마도 다음 해에는 한겨울부터 스케치북을 들고 집밖을 서성이면서 꽃이 피기를 한 마음으로 기다리게 될지도 모른다.

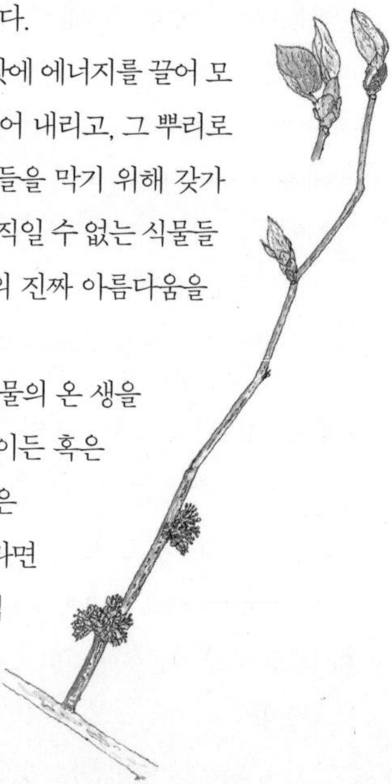

꽃을 기다리다 다 그렸다

지난번 책에도 밝혔듯이, 내가 그림을 그리는 것은 '더 잘 관찰하기' 위해서다. 사진이라면 한 번 찍고 말 것을, 그림을 그리면서는 열 번도 백 번도 더 들여다보게 된다. 그리고 자꾸 보이지 않는 부분까지 상상하고 더 탐구하게 된다. 그것은 생에 대한 더 깊은 관심으로 이어진다.

돌아보면 지난 내 작업들은 모두 '꽃을 기다리는' 일이었는지 모르겠다. 나는 1년 내내 스케치북을 들고 다닌다. 틈만 나면 어디서나 주변에 있는 풀과 나무를 찾아서 보고 그리는 것이 습관이 된 지 오래다. 한겨울에 나뭇가지에 돋아난 작은 겨울눈을 그리고 나면, 그 싹이 궁금해 또 이른 봄에 달려가서 그리고, 4~5월에 제일 예쁜 연둣빛 잎사귀도 그리러 가고, 그러다가 마침내 꽃을 만난다. 사는 일에 바빠 그 과정 중 하나라도 놓치면 깊이 아쉬워하며 다음해를 기다릴 때가 많았다.

이 책에 실린 그림과 관찰일기의 상당수는 최근 2년간 집중해 작업한 것이다. 10년 넘게 자연을 관찰하고 그리는 습관을 가져왔지만, 막상 책을 내려고 하니 미처 그리지 못한 것들이 생각나서 1년 더, 1년 더 하며 꽃을 기다리고 그리기를 반복했다. 그러면서 이전에 보지 못했던 것을 또 다시 발견하는 즐거움도 맛보았다. 이는 내가 가능하면 매일 자연관찰일기를 쓰고 싶은 이유이기도 하다.

또 다시 부족한 책 한 권을 묶어내면서, 모쪼록 이 책이 꽃을 좋아하지만 그 삶을 잘 들여다보지 못했던 사람들에게 새로운 영감을 주기를 기대한다. 좀 더 세심한 관찰과 다르게 보기를 통해 아름다움에 대한 끌림 이상의 '생명 발견'의 기회를 갖게 되기를 바란다. 식물도 생명체다. 우리와 다른 녹색을 띠고 있을 뿐, 이 지구에 살아가는 모든 생명들처럼 매일매일 햇살과 빗물과 바람을 느끼고, 동료와 대화도 나누고, 내일을 꿈꾸며 살아가고 있다.

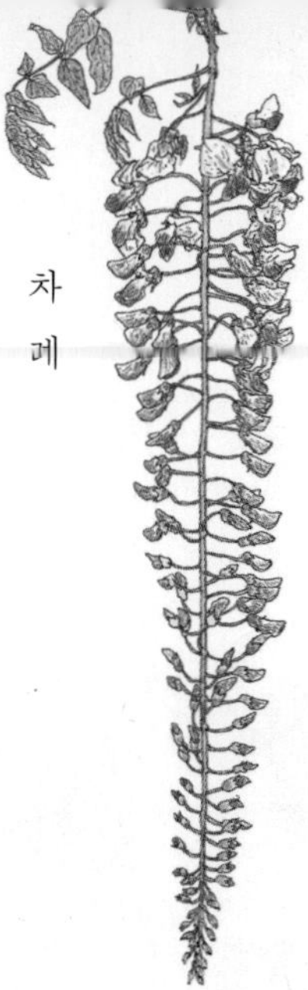

차례

제 1 부

꽃의 시작점,
겨울눈

생강나무

겨울눈 이야기

식물의 시작은 씨앗이다. 씨앗이 땅속에 숨죽이고 있다가 나가야 할 때가 되면 싹이 돋는다. 그런데 나무는, 잠깐 살다 죽는 풀과는 다른 삶을 택했다. 죽을 때까지 끊임없이 자란다. 그러려면 새해가 되었을 때 땅속 씨앗에서 재출발하는 것이 아니라 줄기에서부터 다시 시작해야 생장을 이어갈 수 있다. 그래서 가지 끝에 생장점을 만들었다. 그것이 겨울눈이다.

나무의 첫출발점은 씨앗이었다 해도 이후 해마다 이어가는 재출발점은 겨울눈인 것이다. 겨울눈에서 잎도 나오고, 줄기도 나오고, 꽃도 나온다. 그리고 다른 겨울눈이 또 나온다. 겨울눈은 나무의 또 다른 씨앗이라고 할 수 있다.

나무가 저마다 다르게 생겼듯이 겨울눈의 생김새도 다르다. 겨울에는 꽃이 피지 않고 잎도 화려하지 않으니 자연에서 볼 게 없다고 생각하는 사람들이 많지만, 추운 벌판에서 재출발을 준비하는 나무들의 겨울눈을 살펴보면 그 작은 속에 엄청난 에너지가 모여 꿈틀대고 있음을 느낄 수 있다.

고요한 겨울 숲이나, 평소에는 눈길 한번 주지 않고 지나다니던 겨울 화단에서, 곧 다가와 재잘댈 새 봄의 이야기를 미리 엿들어보는 것은 어떨까? 적어도 이런 감성은 갖고 살아야 삶이 풍요롭다 할 수 있지 않을까?

겨울이 되면 마치 나무가 죽은 듯 보이지만 가만히 쉬고 있다.
쉬면서 새 출발을 준비한다.
활기찬 초록 이파리도, 물을 열심히 날라주는 줄기도,
화려한 꽃도 모두 이 겨울눈에서 시작된다.

[겨울나무 관찰 포인트]

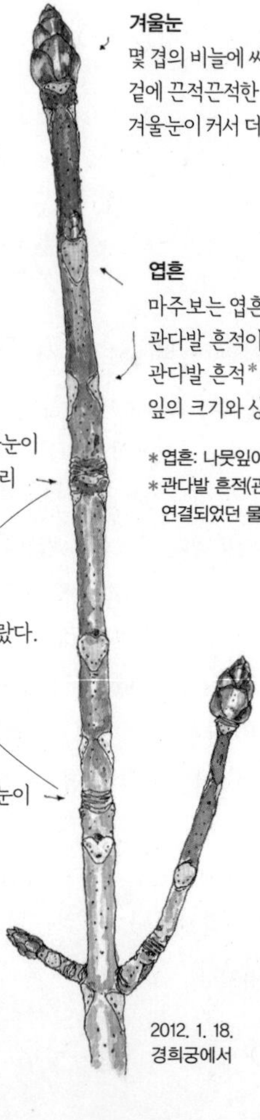

겨울눈
몇 겹의 비늘에 싸여 있으면서도
겉에 끈적끈적한 부동액을 발랐다.
겨울눈이 커서 더 보호를 해야 하는 걸까?

엽흔
마주보는 엽흔* 안에 7~9개의
관다발 흔적이 보인다.
관다발 흔적*의 개수는
잎의 크기와 상관없어 보인다.

* 엽흔: 나뭇잎이 떨어진 자리
* 관다발 흔적(관속흔): 가지에서 잎으로 연결되었던 물관 체관의 흔적

작년에 끝눈이 있었던 자리

한 해에 요만큼 자랐다.

재작년에 끝눈이 있었던 자리

2012. 1. 18.
경희궁에서

칠엽수

갈참나무를 비롯한 참나무 종류는 잎이 늦게까지 매달려 있다. 따뜻한 곳에서 잘 자라는 남부 수종이라 떨켜*가 잘 발달하지 않는다고도 하고, 겨울눈을 보호하기 위함이라고도 한다. 하지만 내 생각엔 떨켜를 활성화할 에너지조차 아끼려는 전략 같다. 봄에 새싹이 나올 무렵이면 어차피 마른 잎사귀들은 떨어져 나간다.

*떨켜: 잎이 질 무렵, 잎자루와 가지가 붙은 곳에 생기는 특수한 세포층

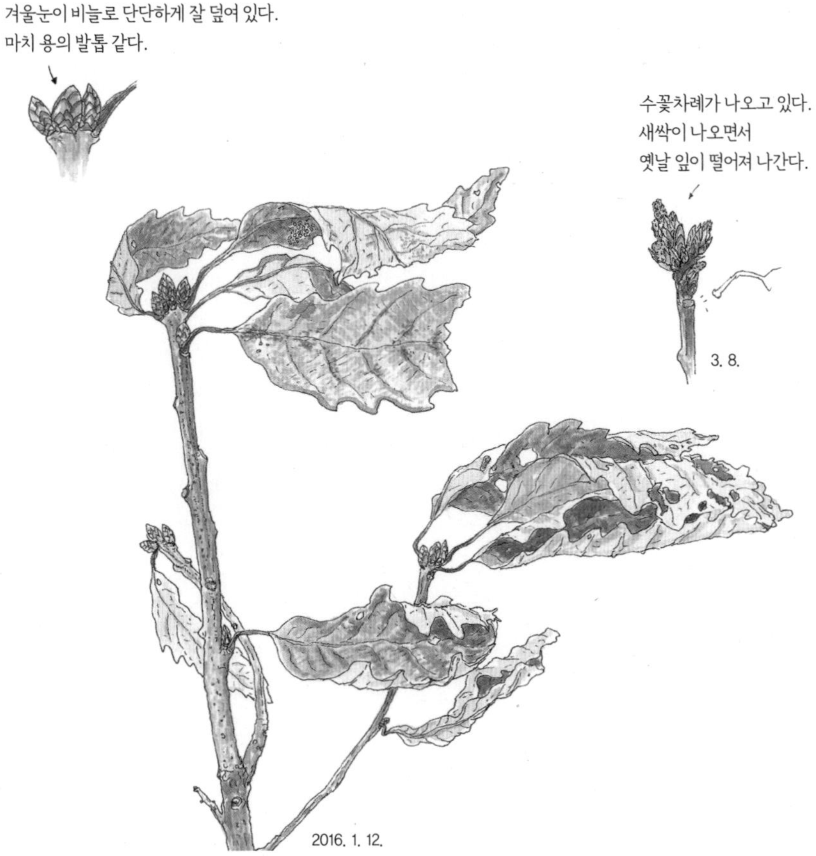

갈참나무

밤나무도 참나무들처럼 잎을 오래 붙들고 있는데,
그래도 떨켜는 잘 발달한 거 같다.

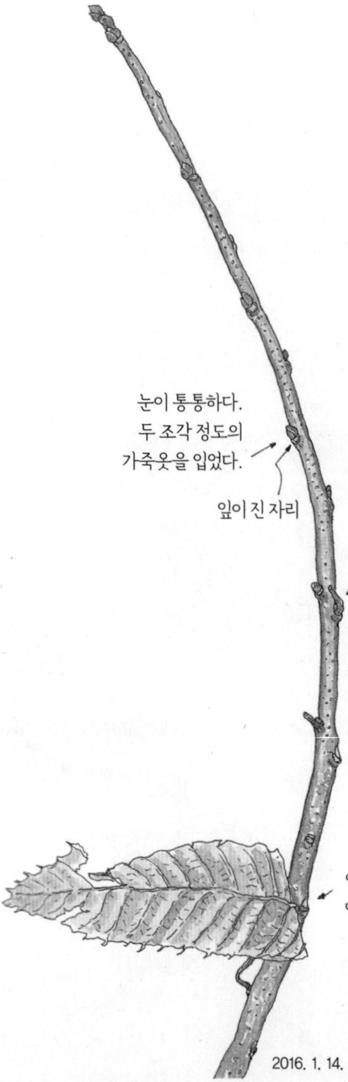

밤나무

겨울눈의 모양과 종류

나무마다 겨울눈 모양이 조금씩 다르다. 이를 쉽게 구분하기 위해서는 비슷한 것을 모아 그리면서 관찰하면 좋다.

겨울눈을 볼 때 사람들은 주로 눈의 생김새를 살피지만 그보다 먼저 볼 것은 눈이 달린 위치이다. 가지 끝에 난 것을 끝눈(정아)이라 하고, 가지 주변에 난 것을 곁눈(측아)이라 부른다. 헛끝눈(가정아)과 잎겨드랑이에서 나는 '액아'도 있는데 곁눈의 다른 이름이라고 보면 된다. 눈 주변에 작은 눈이 하나 더 있는 경우도 있다. 그것이 눈의 위나 아래쪽에 붙어있으면 중생부아, 옆에 붙어있으면 병생부아라고 한다.

겨울눈이 자라서 무엇이 될 것인가. 즉, 눈 안에 무엇이 들었는지에 따라서도 이름이 있다. 꽃이 나오고 이후에 열매도 맺게 될 눈은 꽃눈(화아)이고, 잎이나 줄기가 나올 눈은 잎눈(엽아)이다. 그런데 꽃눈과 잎눈이 분명히 둘로 나뉘는 나무는 그렇게 많지 않다. 주로 초봄에 꽃이 먼저 피는 목련, 산수유, 생강나무, 오동나무 등이 그렇다. 이보다는 꽃과 잎이 한자리에서 같이 나오는 섞임눈(혼합눈, 혼아) 형태가 많다. 섞임눈은 생김새가 통통한 게 꽃눈과 비슷하다. 섞임눈인지 아닌지를 겉에서 보고 판단하기는 어렵다.

생김새로 겨울눈을 나누기도 한다. 비늘 같은 것에 싸여 있으면 비늘눈(인아), 아무것도 없으면 맨눈(나아)이라고 한다. 비늘눈은 용 발톱이나 물고기 비늘 같은 여러 개의 비늘조각(아린)으로 덮여 있는 것이 대표적이고 그 외에 가죽옷을 입은 것(일본목련, 물오리나무, 뽕나무 등), 털옷을 입은 것(목련,백목련 등)이 있다. 엽흔 위에 보일락말락하게 생긴 눈은 묻힌눈(은아)이라 하며 다래덩굴, 아까시나무, 회화나무 등이 속한다.

겨울눈의 활동 상태에 따라서도 다르게 부른다. 나무껍질 속에 생겨 잘 보이지 않는 것은 잠아(잠복아, 맹아)라고 하며, 이는 나무에게 무슨 일이 생기면 맹아지로 자란다. 부정아는 나무가 상처를 입으면 바로 나오는 눈을 말한다. 이외에도 잎자루에 숨어있는 것, 끈적끈적한 물질을 발라놓은 것(칠엽수, 철쭉), 겨울눈자루가 긴 것(물오리나무) 등 다양하다.

[꽃눈과 잎눈]

2016. 3. 8. 전주에서

눈이 아래로 갈수록 작아진다.
꽃눈은 원래 잎눈보다 크지만,
같은 잎눈도 아래로 갈수록 작아진다.
대부분의 겨울눈이 비슷한 구조다.
위쪽을 더욱 튼실하게 하려는
전략이다.

눈 절단면
털가죽 옷을 벗기니
안에 덜 자란 목련꽃이 들어있다.
수술도 있다.

설날 연휴에 쉬면서 동네 산책을 했다.
어릴 적 놀던 곳에 갔다가 비목나무를 봤다.
당시엔 전혀 몰랐는데 지금은 아주 많다.
우리 동네에선 '도리깨나무'라고 한다.
나무가 매끈하고 질겨
도리깨를 주로 만들었기 때문이다.

비목나무

작년에 부모님이랑 나무하러 갔던 산에서 생강나무를 마주쳤다. 이맘때 모습을 그리고 싶었는데 어찌나 반갑던지. 조만간 꽃망울이 터지고 노란색 꽃이 필 것이다. 우리 동네에선 '시앙대나무'라고 부른다. 아버지께서 그러신다. "저거를 꺾으면 거기에서 시앙 냄새가 나." 시앙은 생강을 뜻하는 말이다. 결국 생강나무와 뜻이 같다.

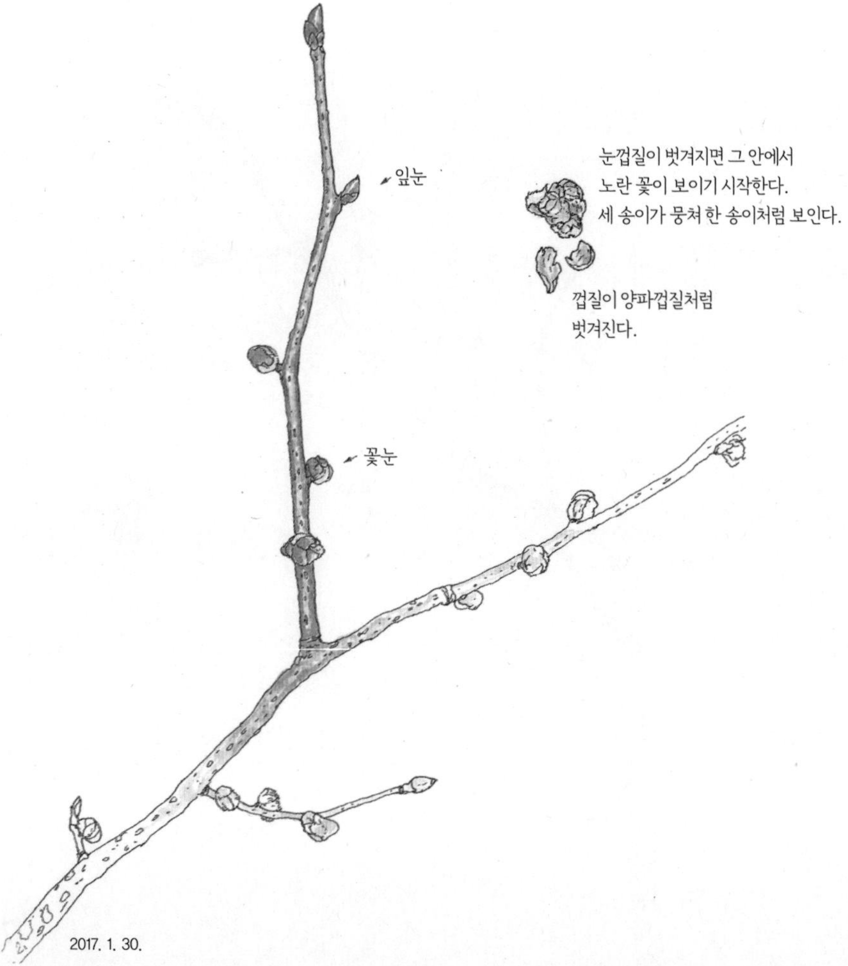

생강나무

산수유는 잎눈을 찾아봐도 안 보인다.
아마도 꽃눈이 먼저 생겨
꽃이 핀 다음에 잎눈이 생기는가 보다.

산수유

진달래 겨울눈은 전체가 가지런하게 비늘로 덮여 있다.
끝에 있는 2개가 꽃눈 같고,
그 아래 작은 눈은 잎눈 같다.

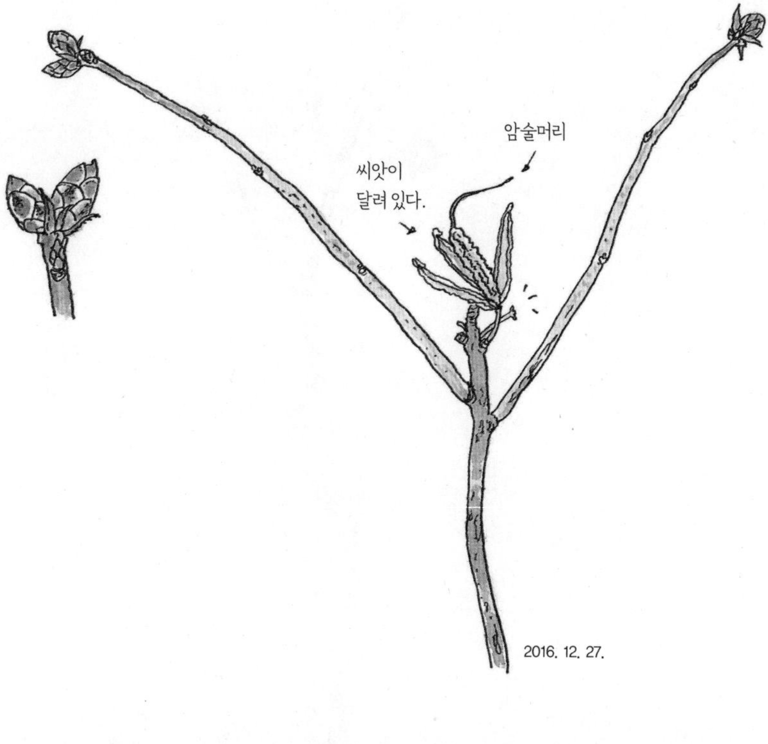

진달래

느티나무
가지도 가늘고 눈도 아주 작다.
병생부아(가로덧눈)가 있다던데
잘 안 보인다.
2009. 11. 13.

국수나무
정상적인 눈 밑에 작은 눈이 달려 있다.
아래에 붙었으니 중생부아다.
정상적인 눈이 다치면 이 눈이 기능을 대신할 것이다.
일종의 스페어타이어 같은 존재다.
2016. 12. 27. 남산

마주나기와 어긋나기

겨울에는 나뭇잎이 없어 나무의 기본 구조를 관찰하기 좋다. 겨울눈을 볼 때는 서로 마주나는지 어긋나는지도 관찰해 보자. 보통 식물을 관찰할 때 나뭇가지나 잎이 마주나는지 어긋나는지를 보는데, 사실 그 출발점은 겨울눈이다.

지금 눈앞에 있는 나무에서 겨울눈이 돋아난 규칙이 어떠한가? 가지 양 방향으로 하나씩 어긋나게 붙어서 나면 어긋나기라 하고, 서로 마주보면서 나면 마주나기라고 부른다. 겨울눈의 위치에 따라 향후 그 나무의 가지 뻗음을 예측할 수 있다. 겨울눈을 '나무의 미래'라고 할 수 있는 이유다.

벚나무
겨울눈이 어긋난다.

2009. 11. 13.
동네에서

라일락
겨울눈이 마주나 있다.

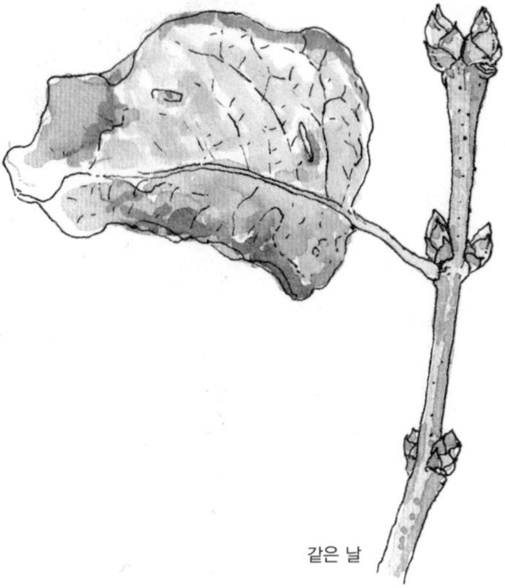

같은 날

화살나무는 겨울눈이 십자마주나기를 하고 줄기의 코르크층도 마주난다.
화살나무의 코르크층은 초식동물로부터 줄기와 잎을 보호하기 위해 생겼다고 한다.
그런데 코르크층이 눈 있는 곳만 피해서 이어 자라는 점이 재미있다.

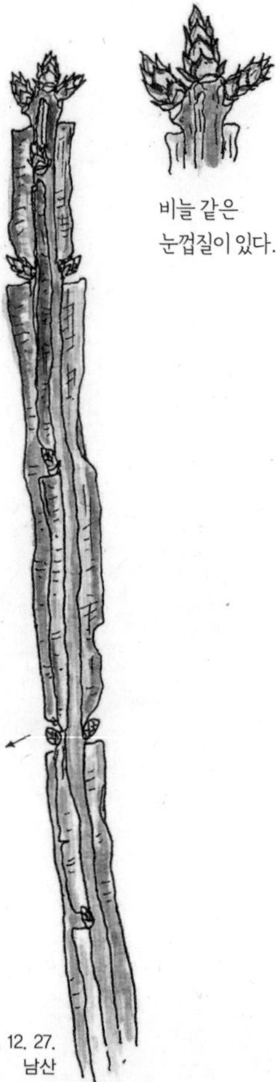

화살나무

작살나무는 마주나기를 하는데 끝눈도 있다.
눈 모양이 새로 돋아날 잎 모양 그대로다.
이런 눈을 맨눈(나아)이라고 한다.

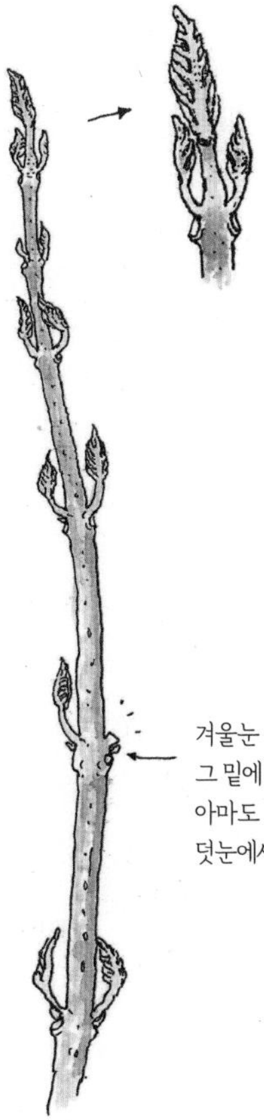

겨울눈 한 개가 부러지고
그 밑에 덧눈이 생겼다.
아마도 봄이 되면
덧눈에서 싹이 나올 것이다.

2016. 12. 27.

황매화

겨울철에도 줄기가 녹색이라
눈에 잘 띈다.

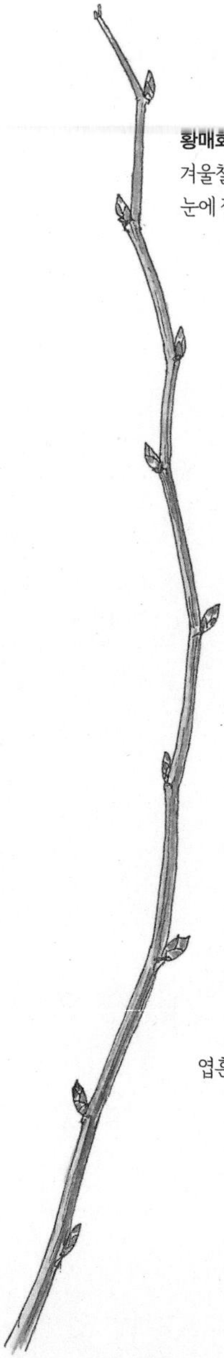

엽흔도 아주 작다.

겨울눈에
짧은 솜털이 있다.

은사시나무

새 가지 아래에 작년 가지가 있는데
거기엔 겨울눈이 짧은 가지 형태로 난다.
은행나무에서 볼 수 있는 현상인데
은사시나무도 그렇다.

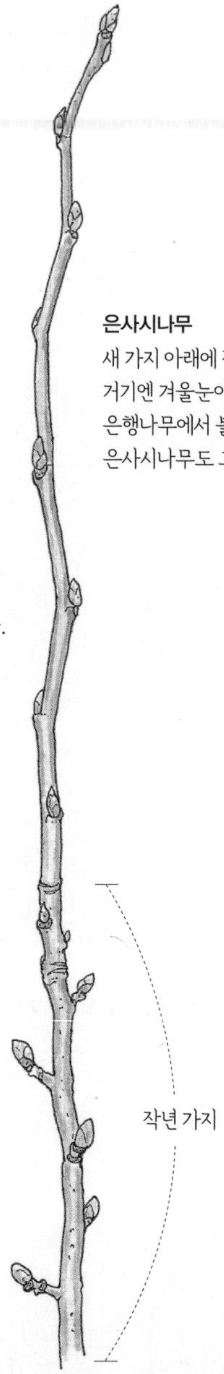

2017. 1. 8.

황매화/은사시나무

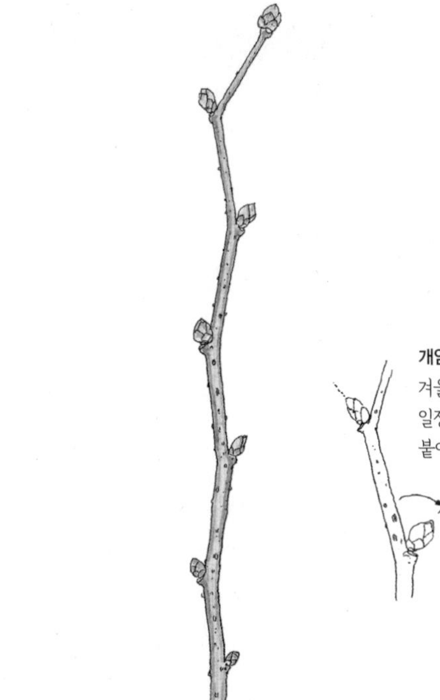

2017. 1. 29.

개암나무
겨울눈이 바깥쪽으로
일정한 각도로 벌어지며
붙어있다.

벽오동
끝눈이 특이하다.
보드라운 털이 나있다.

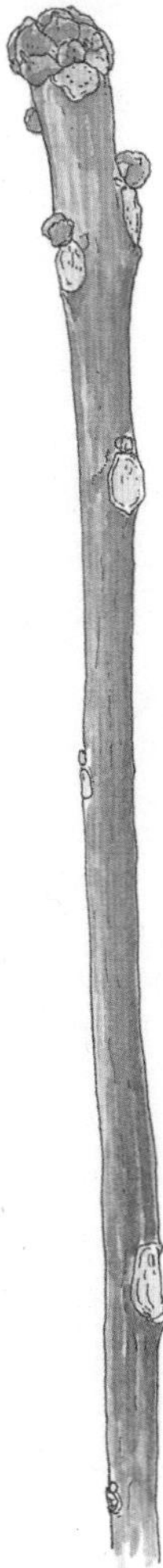

2017. 1. 13.

[숨어 있는 눈]

단풍나무
단풍잎도 잎자루로
겨울눈을 보호하는 것 같다.
역시 겨울에도
잎이 잘 지지 않는다.
2009. 11. 13.

양버즘나무
잎자루로 겨울눈을 감싸고 있다.
그래서인지 잎이 오랫동안 매달려 있다.
2016. 12. 27.

양버즘나무/단풍나무

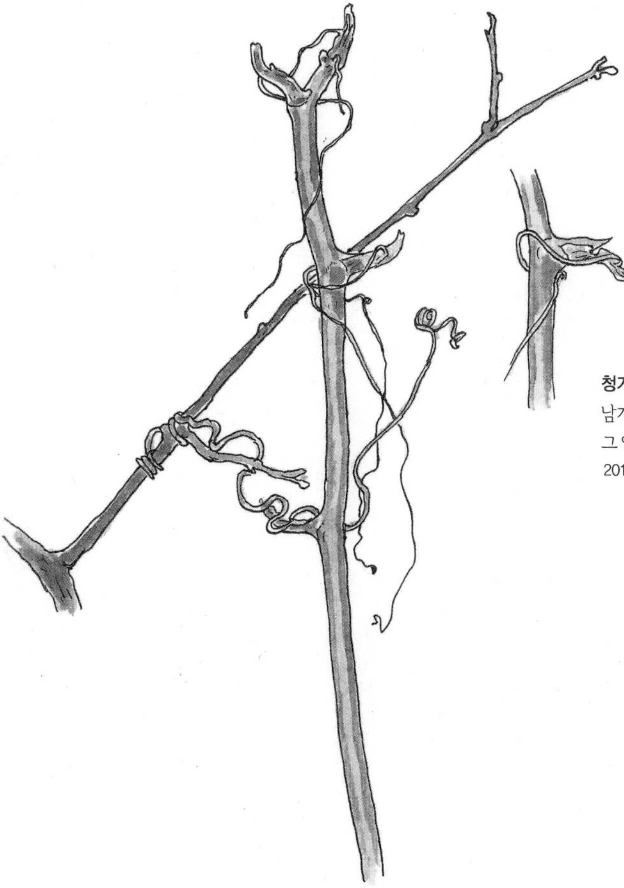

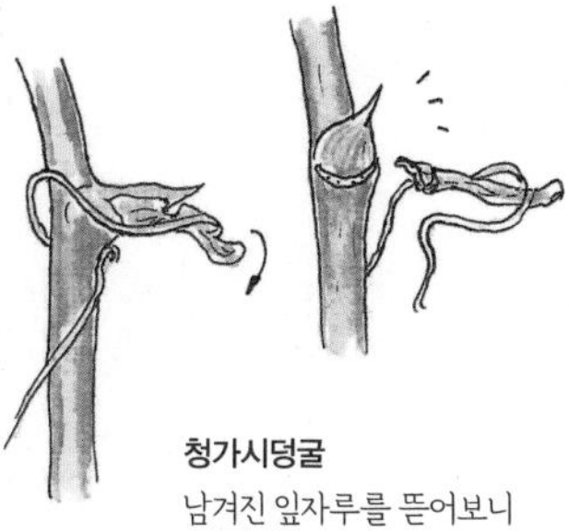

청가시덩굴
남겨진 잎자루를 뜯어보니
그 안에 뾰족한 겨울눈이 있다.
2016. 12. 27.

다래덩굴은 엽흔 위에 도톰하게 솟은 부분에 눈이 숨어있다.
그래서 잘 보이지 않는다. 이런 것을 은아라고 한다.

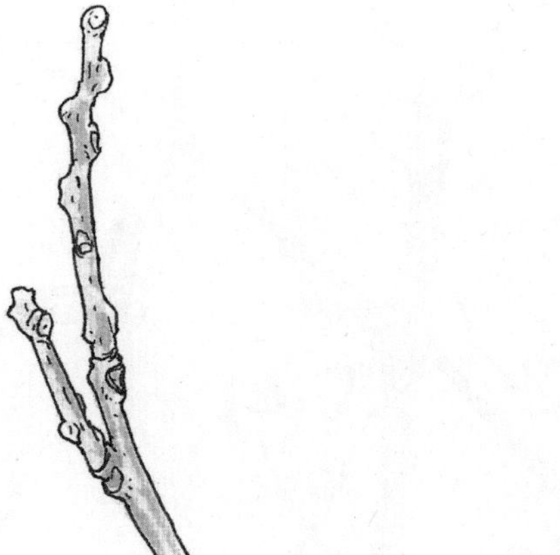

겨울에 나무를 알아보는 방법은 겨울눈 외에도 많다.
아까시나무의 경우, 잎이 다 져도 가시 생김새로 알아볼 수 있다.
특이한 애들은 겨울에도 특이하다.

잎을 떼니 바로 엽흔이 남는다.
약간 못생긴 얼굴 같다.

겨울눈은 안 보인다.
아까시나무 겨울눈도
엽흔 위에 숨은 은아인 듯하다.

아까시나무

겨울눈은 겨울에만 있나?

일반적으로 눈(芽, bud)은 생장점을 말한다. 구조적으로는 덜 자란 줄기로 보며, 끝에 분열 조직이 있어 세포분열을 하는 기관이라고 한다. 풀도 나무도 모두 이런 눈(생장점)을 갖고 있지만 겨울눈은 나무에만 있다. 풀은 겨울이 되면 줄기가 말라죽고 다음해에는 씨앗이나 뿌리에서 다른 생명이 싹 터 살아가기 때문이다.

겨울눈은 언제 생길까? 정답은 날 때부터다. 겨울눈에서 새싹이 나올 때 이미 그 싹 안에도 겨울눈이 붙어있다. 다만 아주 작아서 눈에 안 띌 뿐이다. 겨울눈도 꽃이나 열매처럼 성장한다. 봄에는 작지만 여름이 지나면서 제법 통통해지고 가을이 되면 겨울을 나기 좋게 제 모양을 갖춘다.

그런데 왜 이름을 겨울눈이라고 지었을까? 겨울을 견디고 이듬해 봄에 새싹을 틔워야 해서 겨울눈이라 했다고도 하고, 겨울이 되어 잎이 다 지고 난 다음에야 눈에 띄기 때문에 겨울눈이 되었다고도 한다.

사람들은 흔히 나무를 관찰할 때 꽃과 잎, 줄기를 보면서 구분하지만 겨울눈도 저마다 다르게 생겼기 때문에 나무를 구분하는 기준이 된다. 꽃, 열매, 잎 등은 나무에 붙어있는 시간이 정해진 반면 겨울눈은 사시사철 매달려 있기 때문에 언제나 관찰 가능하다. 그러니 겨울눈을 잘 알고 있으면 언제라도 나무를 보고 구분할 수 있다.

바람이 거세게 부는 날이면
길바닥에 이렇게 생긴 가지가 우수수 떨어져 있다.
이태리포플러는 아무래도 가지가 약한가 보다.

이태리포플러

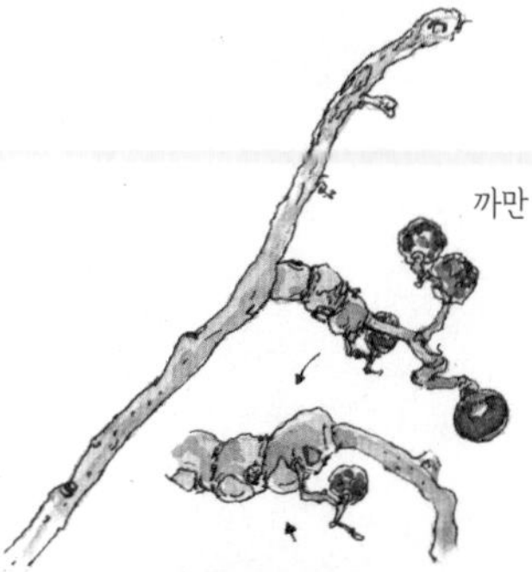

까만 열매가 아직 달려 있다.

담쟁이덩굴

잎 떨어진 자리가 동그랗게 선명히 남아있고
그 위에 조그만 눈이 있다.
큰 눈보다는 작은 눈이 겨울을 나기 수월할 것이다.

2009. 11. 13. 동네에서

사철나무

상록활엽수에도 겨울눈이 있다.
다음해에 새잎을 내기 위해서다.
상록수는 겨울눈도 잎처럼 녹색이다.
도톰하게 생겼다.

열매가 벌어지고 안에 있던
주황색 씨가 나와서 매달려 있다.
새들이 따먹겠지?

담쟁이덩굴/사철나무

물오리나무는 잎이 져도
수꽃차례나 열매를 보면
금방 알아볼 수 있다.

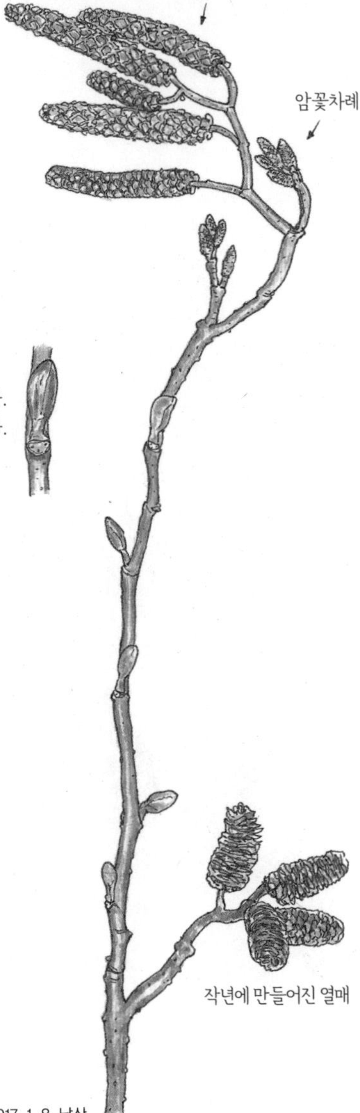

2017. 1. 8. 남산

겨울눈이 줄기에 붙은 부분이 길다.
이를 보고 '겨울눈자루가 있다'고 표현한다.

물오리나무

겨울눈 하면 활엽수만 생각하는데 침엽수도 겨울눈을 만든다.
겨울에 잎이 떨어지지는 않지만 내년에도 자라면서 새잎을 만들어야 하기 때문이다.

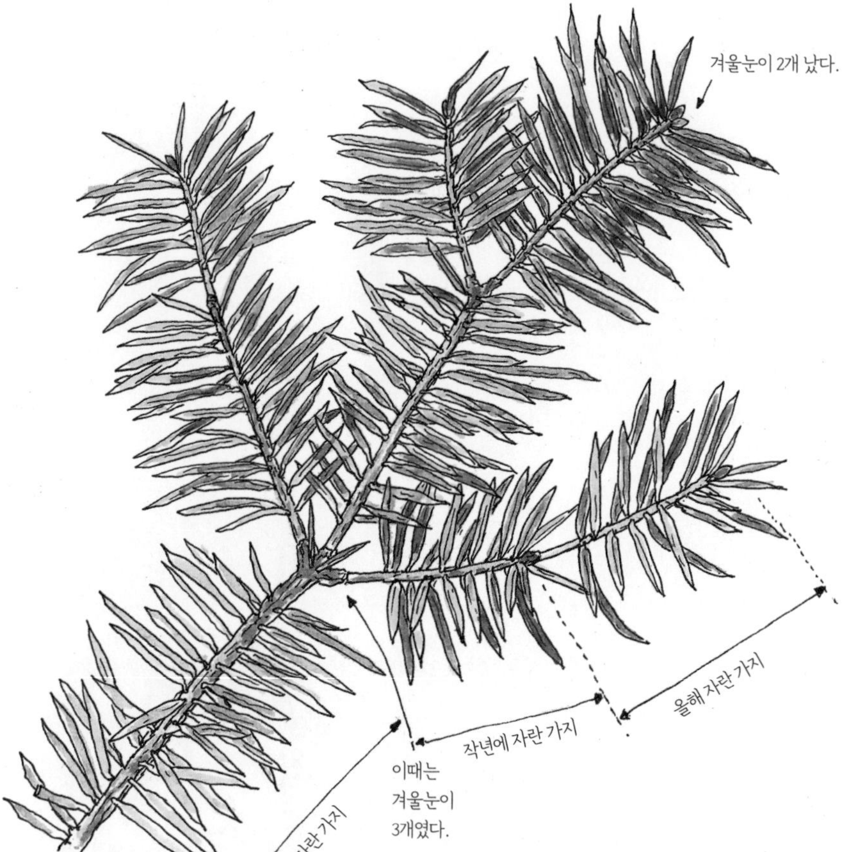

전나무

산철쭉은 잎이 지지 않은 채 겨울을 나며 그 잎들이 눈을 감싸고 있다. 겨울눈에도 여린 털이 있고 잎자루에도 털이 많아서 겨울눈을 보호하는 것 같다. 잎이 감싸주니 눈이 약해진 걸까, 눈이 약해서 잎이 감싸는 걸까? 부모의 자식 돌봄과 비슷해 보인다.

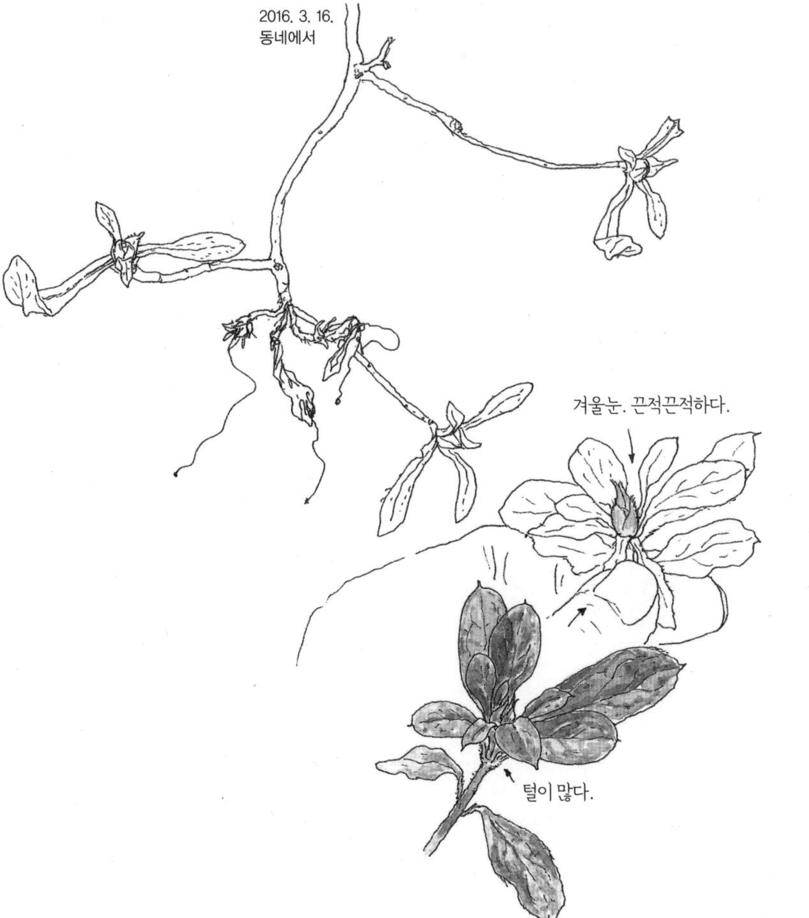

산철쭉

겨울나무를 관찰하는 또 다른 재미, 엽흔

겨울에 잎이 모두 지고 나면 나무는 헐벗는다. 겨울눈만 달랑 남아서 견디고 있는데, 잎이 진 자리를 보면 작은 흔적이 남아있다. 바로 잎이 떨어진 자리, 엽흔葉痕이다.

나무는 뿌리에서부터 빨아들인 물을 잎에도 보내줘야 하기 때문에 잎자루 끝에 마치 도킹하는 우주선, 혹은 컴퓨터 본체에 마우스 잭을 꽂는 자리처럼 서로 딱 맞물리는 부분이 있다. 겨울에 잎이 떨어진 자리를 보면 그 흔적을 역력히 관찰할 수 있다.

나무마다 엽흔의 전체적인 모양도 다르고 그 안에 있는 물관과 체관의 흔적, 즉 관다발 흔적의 생김새나 개수도 다르다. 자연관찰에 경험이 많은 고수들은 이 모양으로 나무를 구분하기도 한다.

칡은 우리 조상들의 삶에서 빠질 수 없는 존재이다.
어느 것 하나 버릴 게 없고, 일상용품을 만드는 데도 많이 사용되었다.
탄력이 좋은 덩굴나무라서 그렇다.

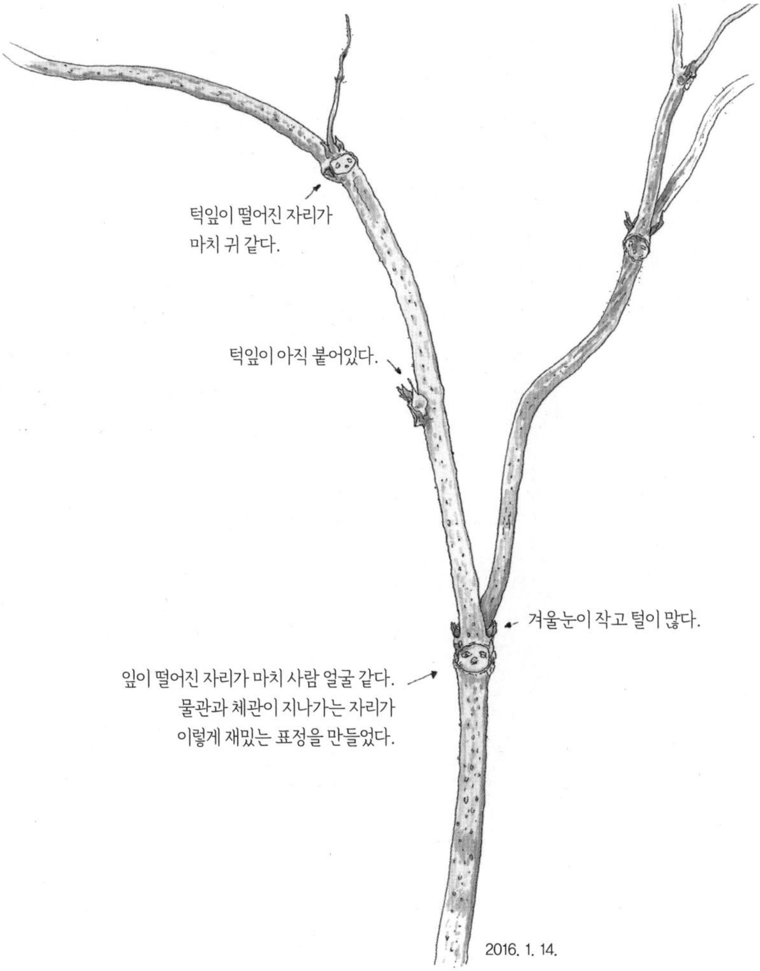

라일락은 겨울눈에 비해 엽흔이 크지 않다. 초승달 모양이다.
겨울눈과 합체된 모양이 어릴 적 봤던 '그레이트 마징가'를 연상시킨다.

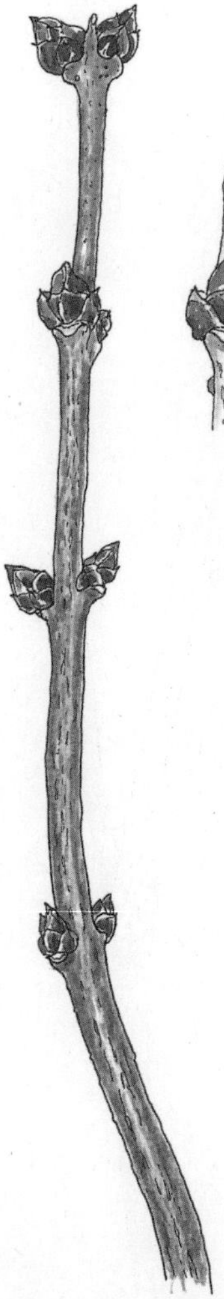

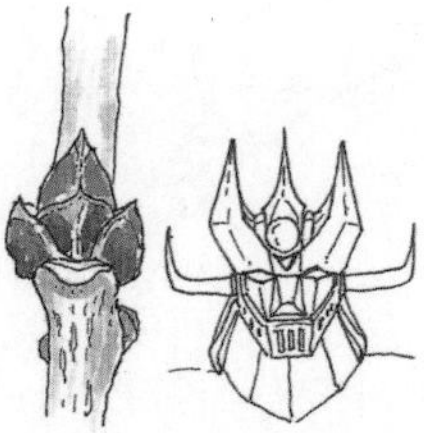

2017. 1. 8. 남산

라일락

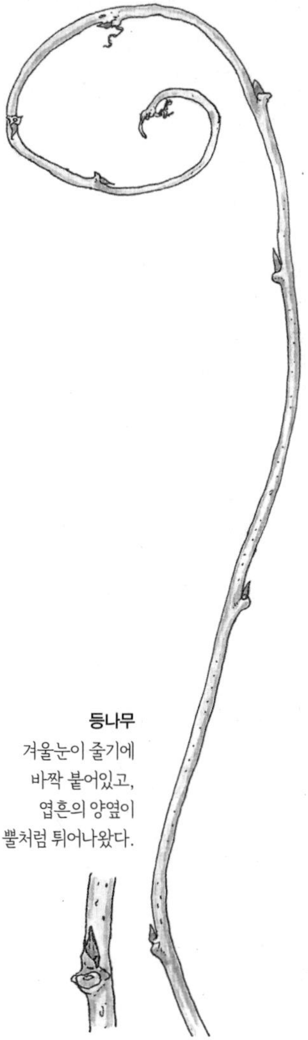

등나무
겨울눈이 줄기에
바짝 붙어있고,
엽흔의 양옆이
뿔처럼 튀어나왔다.

2017. 1. 8.

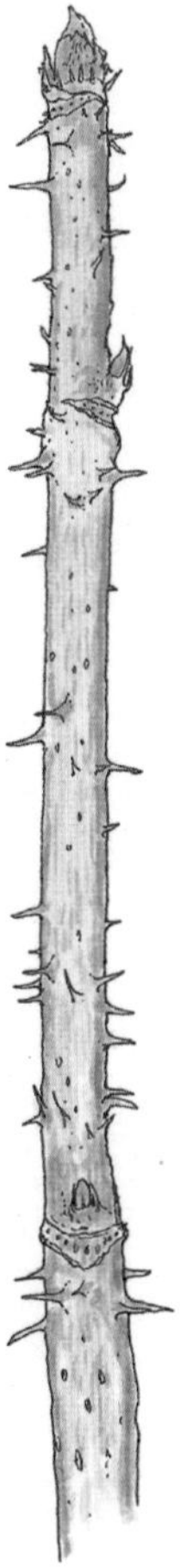

두릅
엽흔 모양이 마치
입을 활짝 벌리고
웃는 것 같다.

2017. 1. 7.

엽흔의 크기는 잎자루 크기와 비례한다. 보통 겹잎이 나는 나무들의 엽흔이 큰 편이고, 홑잎인 경우에도 잎자루가 크고 굵으면 엽흔이 크다. 잎자루가 크고 굵으면 나뭇가지 역할을 한다. 그래서 가죽나무, 옻나무, 붉나무, 호두나무, 오동나무 등 엽흔이 큰 나무들은 가지 뻗음이 복잡하지 않고, 전체적인 수형도 단순하다.

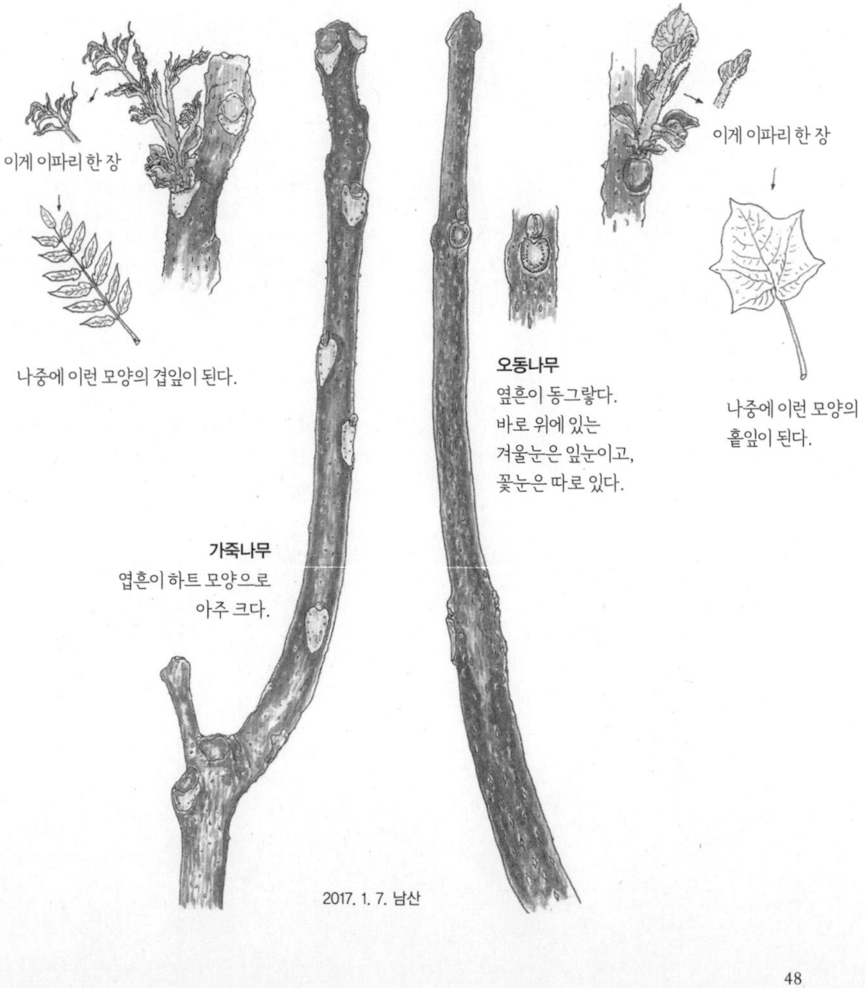

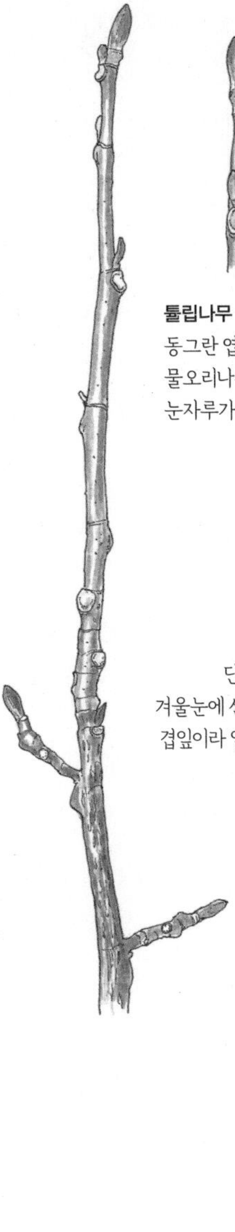

튤립나무
동그란 엽흔이다.
물오리나무처럼 겨울눈에
눈자루가 약간 있다.

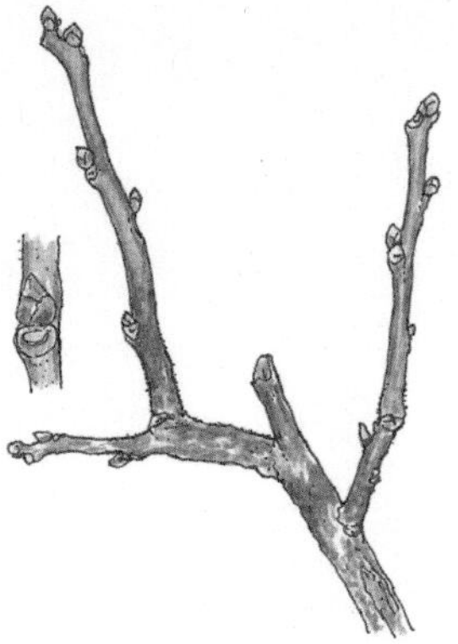

감나무
겨울눈이 뽕나무처럼 통통하다.
약간 동그란 모습의
관속흔이 보인다.

물푸레나무
은행나무나 벚나무처럼
단지와 장지의 구분이 있다.
겨울눈에 신비롭게 보랏빛이 감돈다.
겹잎이라 엽흔도 약간은 큰 편이어서
안의 관속흔도 보인다.

2017. 1. 7. 남산

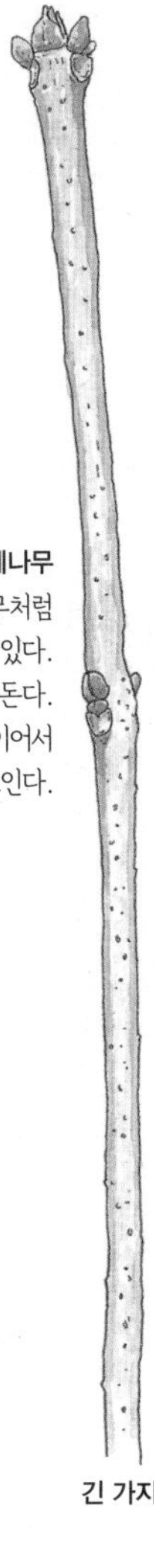

긴 가지

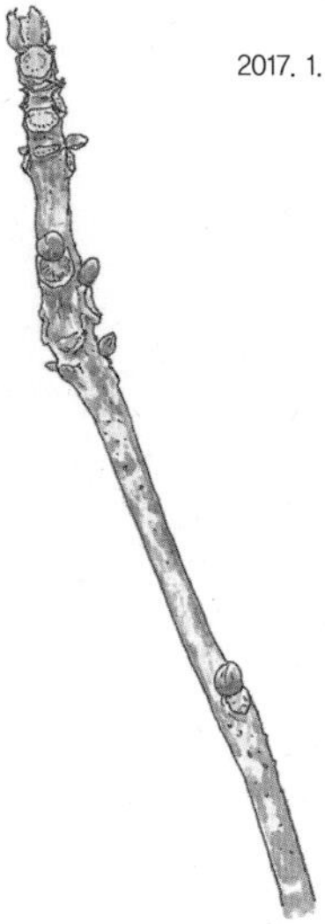

짧은 가지

제 2 부

소리 없이,
새순이 돋다

칠엽수

나무들이 깨어나는 시간

나무가 자란다. 일 년 내내 자라긴 하지만 주로 봄에 자란다. 어디에서 어떻게 자라느냐. 바로 겨울눈에서 새싹이 나오면서 자란다. 봄이 와 빗물을 한 번 머금으면 겨울눈이 품고 있던 기운으로 기지개를 켜듯 주-욱 몸이 늘어난다.

이후엔 잘 자라지 않는다. 나이테를 본 적이 있는가? 나이테에는 눈금 같은 것이 있다. 밝은 부분과 어두운 부분이 있다. 밝은 부분은 나무가 많이 자란 때를, 어두운 부분은 잘 자라지 않은 때를 나타낸다. 나무는 봄에 많이 자라고 여름부터는 잘 자라지 않는다.

새순이 나서 자라기 시작해 제법 줄기다워지는 과정까지는 정말 박진감 넘친다. 식물은 가만히 땅에 뿌리를 내리고 움직이지 않지만, 쭉쭉 자라는 새순의 모습은 동물에 비해도 전혀 정적靜的이지 않다.

가만 생각해 보면 우리보다도 훨씬 많이 자란다. 사람은 성장기에 많이 자랄 때는 일 년에 십 센티미터가 넘게 자라기도 하는데, 식물은 몇 미터씩 자라는 것도 있다. 이런 식물을 어찌 정적이라고 할 수 있을까?

새봄에는 생명력 넘치게 박력을 발산하며 쭉쭉 자라나는 다양한 새순을 관찰해 보자.

나무 생일 알아 맞히기

나무에게도 생일이라는 게 있을까?

우리는 생일이 있다. 동물들도 생일이 있다. 그렇다면 식물들에게도 생일이 있을까? 살아있는 생명체이니 생일이 있을 것이다. 그렇다면 언제일까? 우리는 엄마 뱃속에 있다가 바깥으로 나온 날이 생일이다. 나무는 씨앗에서 싹이 나온 날이겠지? 보통은 흙 속에 묻혀 있으니 흙 밖으로 싹이 나온 날을 생일이라고 해야 할까?

경우마다 차이는 있을 것이다. 어쨌든 씨앗에서 발아(發芽)한 시점을 식물의 생일이라고 할 때, 우리 주변에 이미 크게 자란 나무들의 생일은 알 수가 없다. 하지만 다른 방법으로 추측해 볼 수는 있다.

씨앗의 발아는 대부분 기온, 일조 시간, 수분 공급 등의 조건이 맞아떨어질 때 이루어진다. 겨울눈에서 새싹이 나는 것도 비슷하다. 나무는 대부분 가을에 잎을 떨어뜨리고 겨우내 조용히 쉬다가 봄이 되면 깨어나는데, 씨앗에서 발아한 시점과 겨울눈에서 싹이 나오는 시점이 거의 같다. 쉽게 말해, 감 씨를 땅에 심어 첫 싹이 나오는 시점이랑 감나무 겨울눈에서 새싹이 나오는 시점이 비슷하다는 것이다. 그러니 나무의 생일을 겨울눈에서 싹이 날 때라고 봐도 좋지 않을까?

이런 식으로 집 주변에 있는 나무들의 생일을 체크해 보면 재미 있다.

잊고 있던 밤나무 가지에서 새순이 돋았다.
잊고 있던 통장에서 잔고를 발견한 느낌.

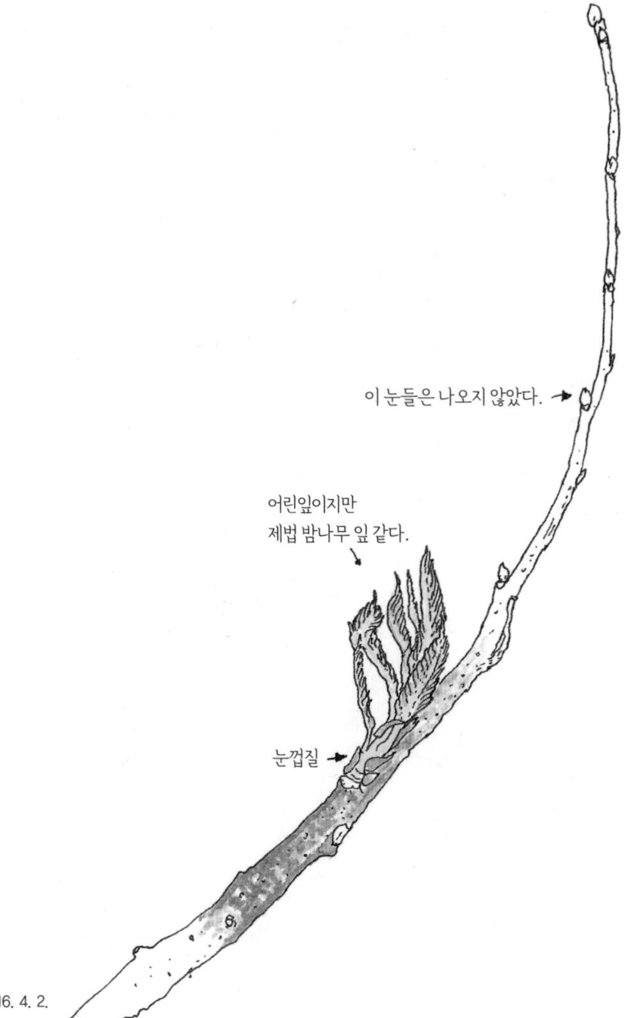

밤나무

싸리나무

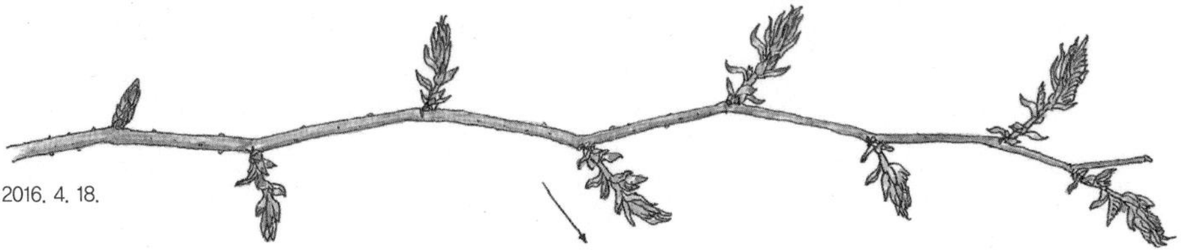

2016. 4. 18.

눈껍질이 떨어지지 않고
그대로 붙어있다.
안에 있는 줄기가
늘어나고 있다.

제법 많이 늘어나서
줄기처럼 보인다.

[비슷한 나무 관찰하기]

참죽나무를 내가 살던 시골에선 깨죽나무라고 불렀다. 초봄에 연한 순을 따먹는다. 이와 비슷한 나무가 가죽나무인데, 가죽나무는 외래종이고 잎을 먹지 않아 '가짜 죽나무'라는 의미로 가죽나무가 되었다고 한다. 그러면 시골에서는 가죽나무를 뭐라고 부를까? 개깨죽나무다.

참죽나무

여권 갱신하러 용산구청 가는 길에 새순이 돋은 것을 보았다. 10월이라서 깜짝 놀랐다. 가까이서 보니 올해 나온 겨울눈에서 바로 싹이 난 것이다. 내년에 나와야 하는데…. 가지 윗부분이 부러졌던데, 어쩌면 그게 원인일까? 아니면 개나리나 철쭉이 잘 그렇듯 며칠 날씨가 따뜻해 봄인 줄 착각하고 돋아난 걸까?

가죽나무

호두나무에 싹이 돋았다.

문질러보니 호두나무 잎에서 나는 향기가 벌써 난다.

주글란이라는 독성분 때문인데, 나는 이 향이 좋게 느껴진다.

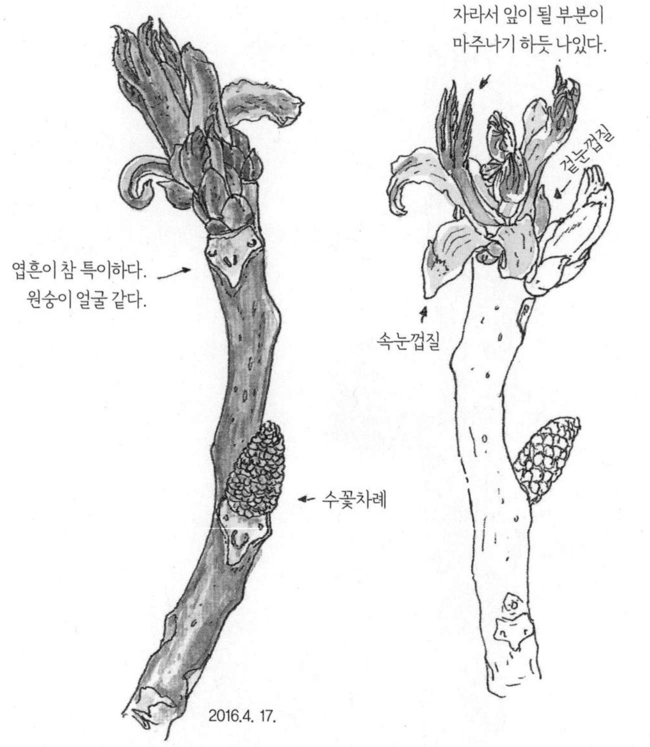

호두나무

집에서 새싹 관찰하기

매일 밖에 나가 관찰하는 사람이 아닌 이상, 겨울눈에서 새싹이 나는 결정적 장면을 놓치기가 쉽다. 만약 그 과정을 꼭 보고 싶은 나무가 있다면 겨울눈이 생긴 가지를 가져다 병에 꽂아놓고 변화를 지켜보는 것도 한 방법이다. 하지만 살아있는 나뭇가지를 꺾기는 마음이 내키지 않을 것이다. 나는 주로 길에서 가지치기하는 나무를 주워오는 경우가 많다.

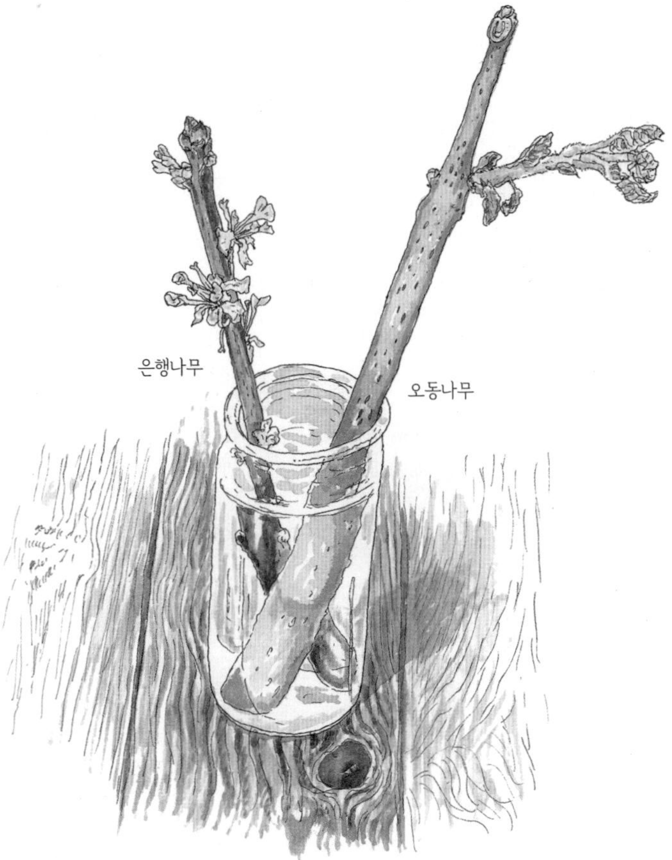

시골집에 칡뿌리를 캐러 내려갔다가 산에서 두릅을 하나 꺾어 왔다.
서울에 와서 병에 꽂아두니 겨울눈에서 새싹이 나오고 있다.

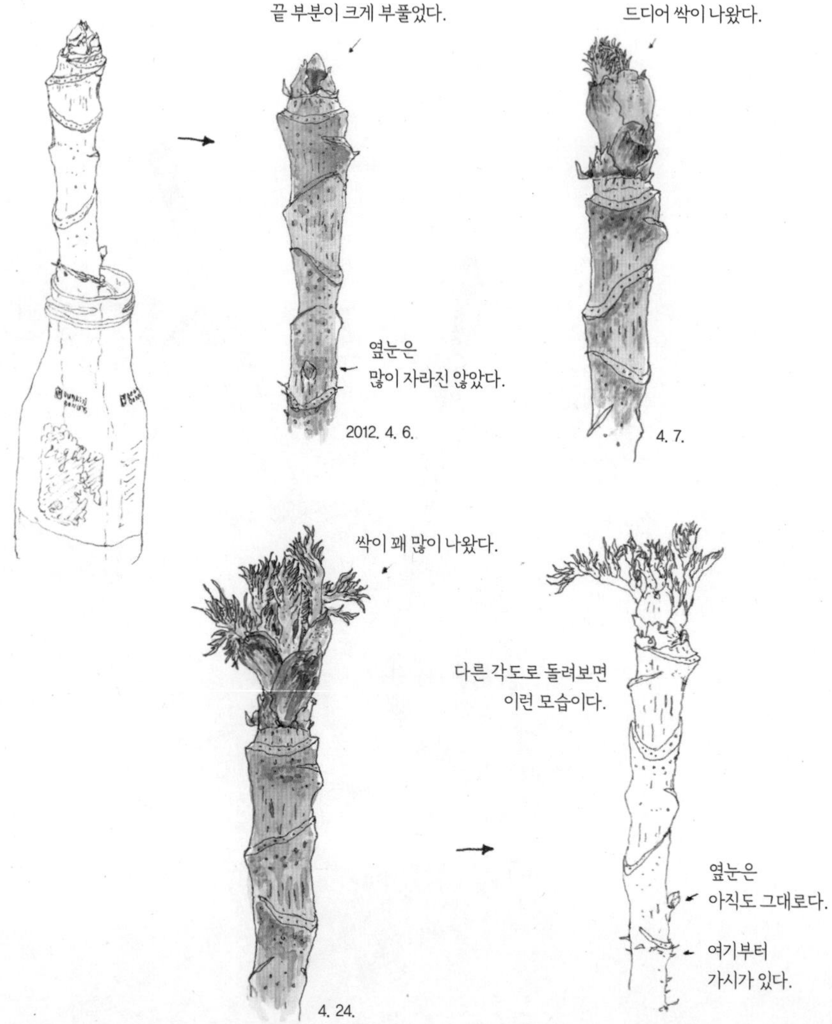

두릅

병에 꽂아둔 두릅은 아무래도 성장이 늦고 크게 자라지 않는다.
시골집에서 보내온 두릅을 그려봤다.

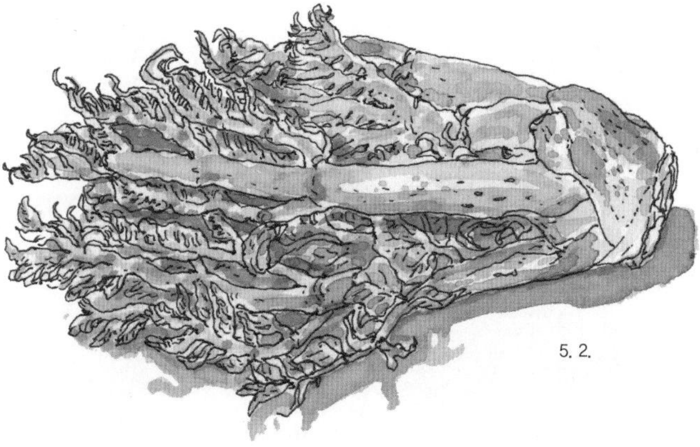

5. 2.

한 달 전에 꽂아둔 일본목련 겨울눈에서 싹이 움트기 시작했다.
어제 껍질이 하나 벗겨지더니 오늘도 한 겹이 벗겨진다.
싹을 만져보니 말랑말랑하다.

일본목련

식물을 관찰하기에 가장 좋은 계절은?

저마다 다르겠지만 4월을 추천한다. 왜냐하면 나무가 가장 바쁠 때이기 때문이다. 그만큼 변화가 클 때다. 겨울눈에서 싹을 내는가 싶다가 어느새 쭉 늘어나서 자라더니 잎도 내고 꽃도 내고 정신이 없다. 그렇게 되기까지 며칠이 안 걸린다. 이때는 일주일만 못 보아도 많은 부분을 놓치게 된다.

그나마 다행인 것은 나뭇가지마다, 혹은 나무들마다 자라는 속도가 달라 뒤늦게 자라기 시작하는 가지를 찾아낼 수 있다는 거다. 이미 많이 자라버린 가지와 막 자라고 있는 가지를 비교하며 관찰하는 것도 재밌다.

봄에 나무가 싹을 내고 자라는 것을 지켜보면 생각보다 빠른 성장 속도에 놀랄 것이다. '나무처럼 자란다'는 말이 괜한 말이 아니다.

남산순환로를 걷다가 계수나무에서 꽃이 피는 것을 보았다.
계수나무는 암나무와 수나무에서 서로 다른 꽃이 핀다는데, 이건 수나무에서 핀 수꽃이다.
계수나무라고 하면 달나라에 있는 상상의 나무로 아는 사람이 많지만
실제로 계수나무가 있다. 가끔 월계수나무와 헷갈리는 사람도 있지만 전혀 다른 나무다.
또는 계피를 계수나무 껍질로 알고 있는 사람도 있는데 그건 육계나무 껍질이다.
육계나무는 따뜻한 나라에서 자라고 우리나라에는 없다.
그런데도 계피를 사러 가서 국산이냐고 묻는 사람들이 있다.
계피를 계수나무 껍질로 잘못 알고 있는 사람들은, 어쩌면 이파리에서 단내가 나니
껍질에서도 비슷한 냄새가 날 거라고 생각한 것은 아닐까?

계수나무

꽃 핀 모습이 좁쌀로 지은 밥(조밥) 같다고 해서
조팝나무라는 이름을 얻었다는데, 나는 도통 믿기지가 않는다.
쌀밥(이밥) 같다는 이팝나무 꽃보다 이쪽이 더 쌀밥 같기만 한데….

조팝나무

은행나무 단지(짧은 가지) 에 난 새싹.
비가 오고 난 뒤 싹이 한참 많이 나왔다.

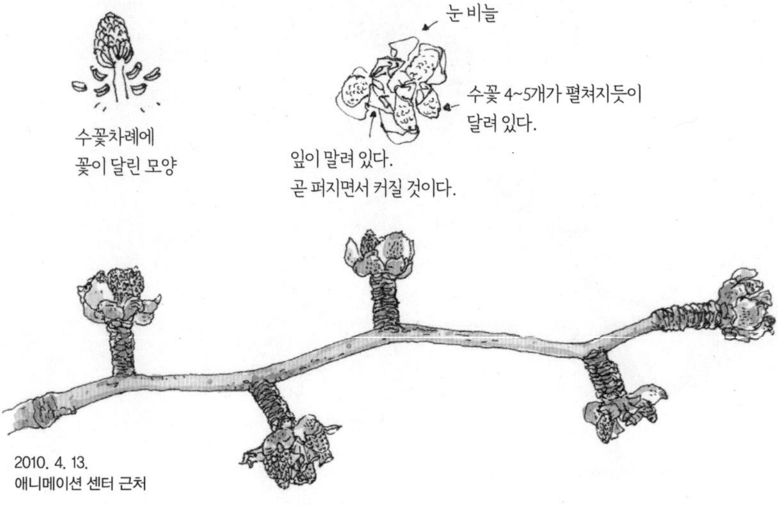

2010. 4. 13.
애니메이션 센터 근처

은행나무

은행나무 장지(긴 가지)에 난 새싹.
계속 몇 주를 관찰했는데도 은행나무는 다른 것에 비해 덜 자랐다.
침엽수라서 그런가?

2012. 4. 17.

길거리에서 가지치기를 하느라 꺾인 양버즘나무 가지를 주워
물병에 꽂아놓고 관찰하면서 그렸다.

2012. 4. 17.

양버즘나무

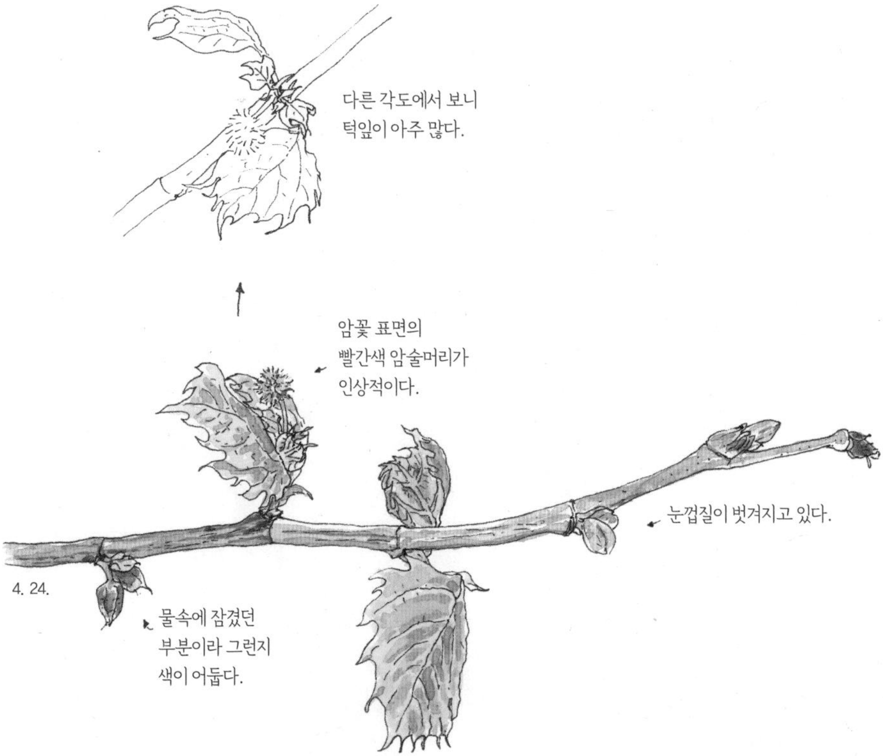
다른 각도에서 보니
턱잎이 아주 많다.
암꽃 표면의
빨간색 암술머리가
인상적이다.
눈껍질이 벗겨지고 있다.
4. 24.
물속에 잠겼던
부분이라 그런지
색이 어둡다.

등나무 꽃이 세상에 나오는 첫 모습부터 차곡차곡 그려보고 싶었다.
올해는 놓치지 않고 끝까지 변화를 지켜볼 작정이다.
곧 엄청 화려하게 피어나겠지?

등나무

담쟁이덩굴 새싹
금세 원래 잎 모습으로 나온다.
뭐든 세상에 처음 나올 때의 모습이
정말 아름답다.

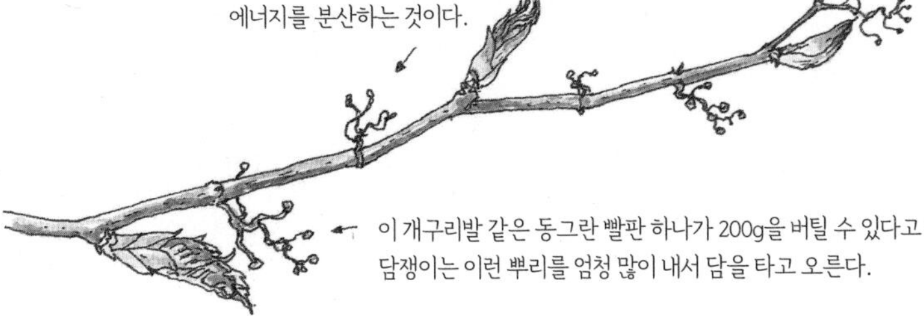

오래 관찰하기

자연관찰을 잘하는 방법이 있다.

천천히 걸어라.
새로운 것을 발견하면 멈춰라.
멈춰서 오래 보라.

이 세 가지에, 관찰 그리기를 할 때는 하나를 더 추가한다.

여러 날을 보라.

오늘 보고 다음날에도 보고 그 다음 주에도 보고…. 적어도 일 년은 꾸준히 관찰해야 그 식물의 모습을 잘 보았다고 할 수 있다. 그러니 멋진 꽃을 찾아 낯선 곳에 가기보다는, 익숙한 곳에 자주 가서 보고 그리기를 추천한다.

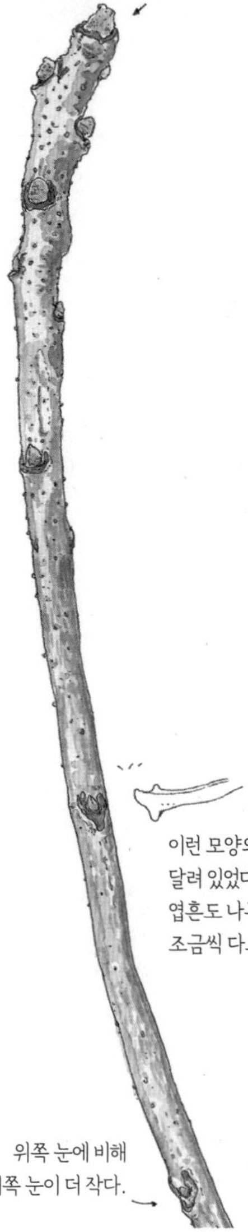
눈에 털이 복슬복슬하다.
이런 모양의 잎이
달려 있었다.
엽흔도 나무마다
조금씩 다르다.
위쪽 눈에 비해
아래쪽 눈이 더 작다.
2016. 1. 12.

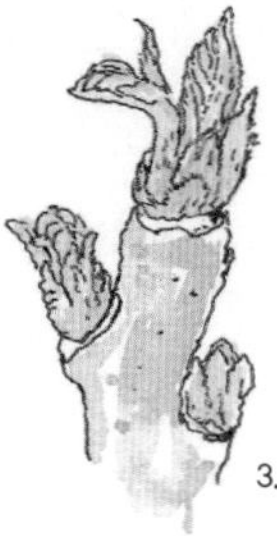
눈껍질이
따로 떨어져 나가지 않고
그대로 새싹이 된다.
나아였던 모양이다.
3. 8

3. 31.

4. 8.

붉나무

맛있는 오디가 열리는 추억의 나무.
뽕나무도 겨울눈부터 관찰을 시작했다.

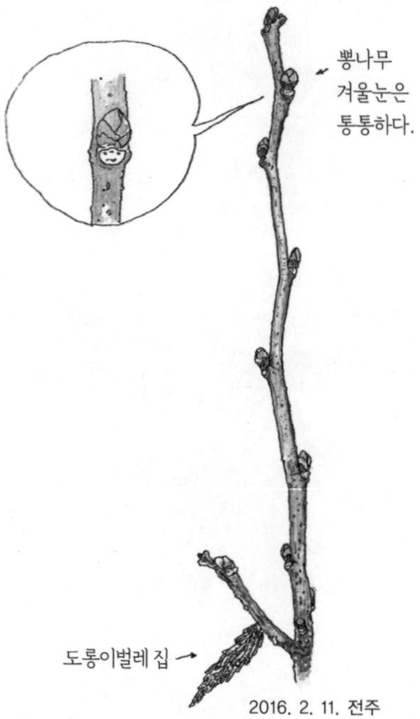

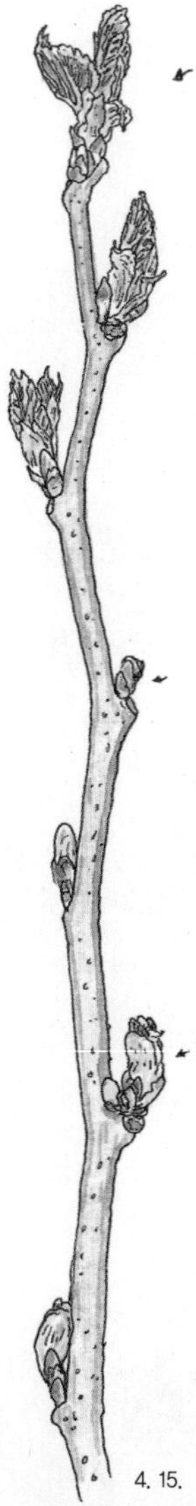

이틀 만에 부쩍 컸다.
다 자란 잎의 모양을
그대로 갖추고 있다.
오디가 나오고 있다.
정확히는 뽕나무 암꽃이다.
끝에 암술머리가 있다.
이 눈은 싹이
나오지 않았다.
4. 17.

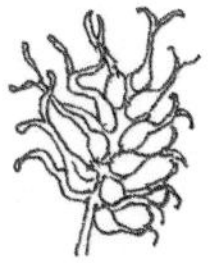
암술머리가
두 갈래로 갈라진다.

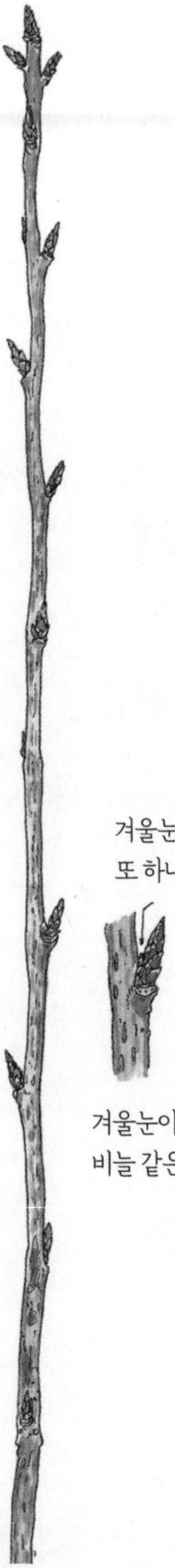

2016. 1. 14.

4. 4.

산벚나무

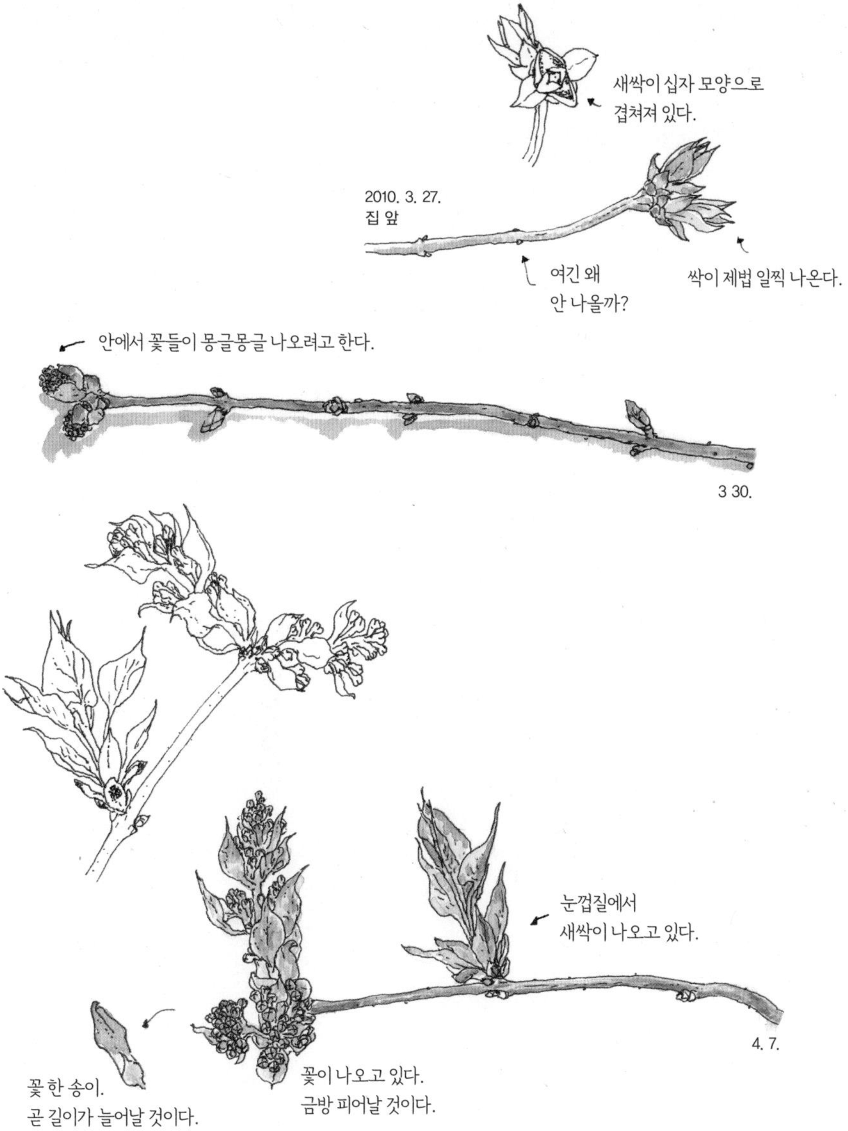
새싹이 십자 모양으로
겹쳐져 있다.
2010. 3. 27.
집 앞
여긴 왜
안 나올까?
싹이 제법 일찍 나온다.
안에서 꽃들이 몽글몽글 나오려고 한다.
3 30.
눈껍질에서
새싹이 나오고 있다.
4. 7.
꽃 한 송이.
곧 길이가 늘어날 것이다.
꽃이 나오고 있다.
금방 피어날 것이다.

라일락

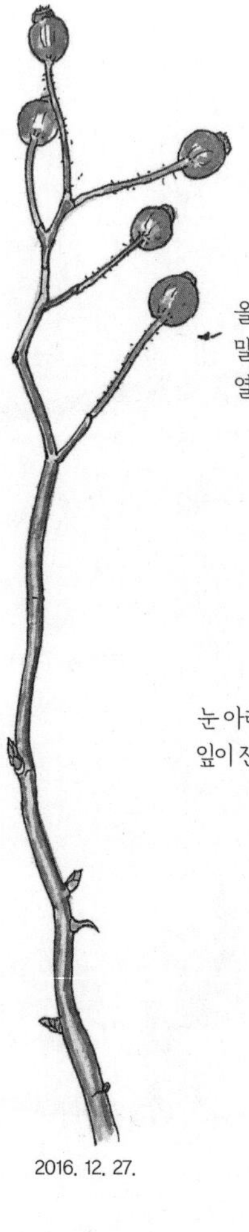

2016. 12. 27.

찔레 겨울눈

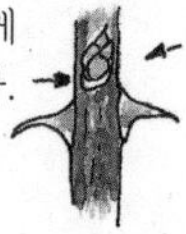

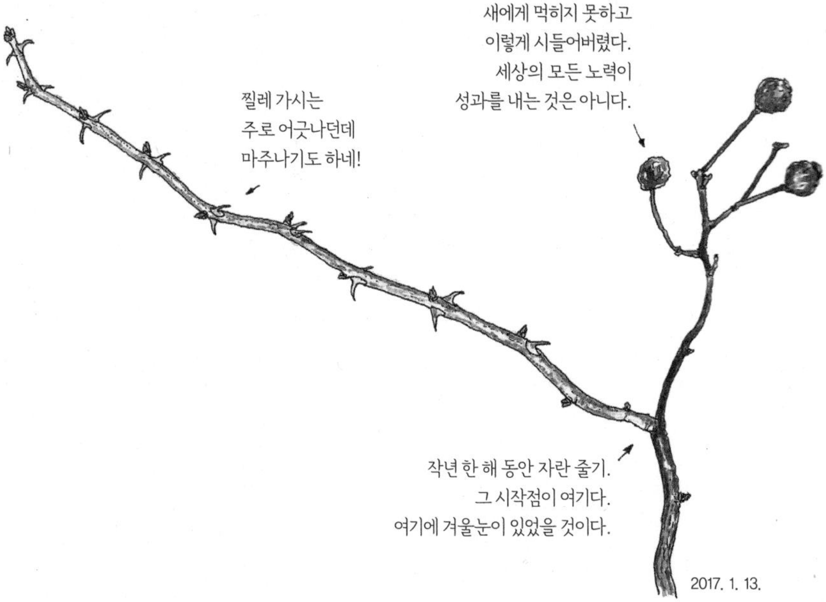

2017. 1. 13.

3. 30.

4. 4.

마주나기 잎의 대표주자.

단풍이 드는 나무들 중에서 가장 아름다워 '단풍나무'라는 이름을 가져간 나무다.

잎자루 끝으로 겨울눈을 감싸고 있다가 잎이 지고 나면

작고 뾰족한 겨울눈이 밖으로 드러난다.

눈이 슬슬 부풀기 시작하면서 자란다.

단풍나무

단풍나무 엄마가 새로 막 돋아난 새싹을 보며
"우리 애 손가락 5개 맞죠?"라고 말할 것 같다.

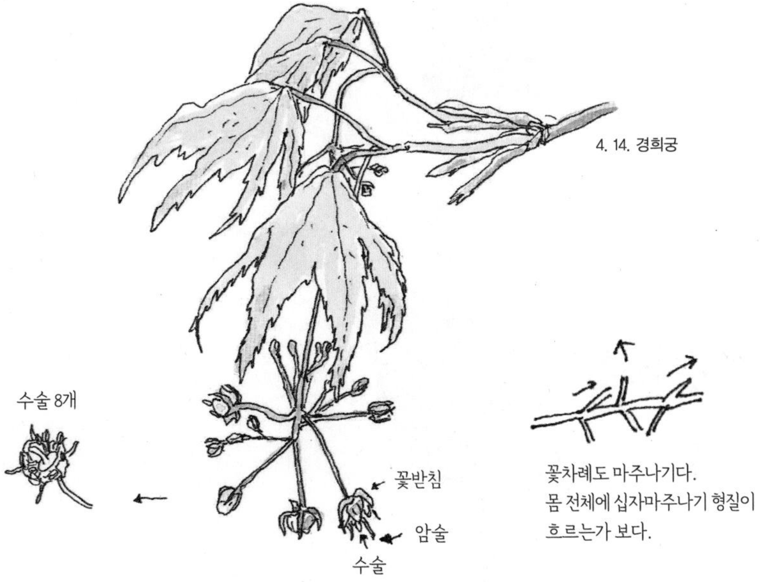

사철나무 새잎이 나는 법칙을 관찰했다.

나뭇잎 중에는 마주나기를 하면서 회전하는 것들이 있다. 어긋나기를 하면서 회전하는 것도 있다. 마주나기를 하면서 회전하는 잎을 보고 '십자마주나기'다고 한다. 둘씩 짝을 지어 약 90도 정도로 어긋나기 때문이다. 어긋나기건 마주나기건, 잎들이 이렇게 회전하는 이유는 당연히 햇빛을 골고루 받기 위함이다.

사철나무

4. 3.

4. 30.

버드나무는 1월이 되어도 푸른 잎을 달고 있다. 단풍이 거의 들지 않는다. 이제야 조금씩 마르면서 누렇게 변하고 있다. 단풍은 낙엽의 전 단계다. 낙엽은 추위 및 수분 확보의 어려움과 관련이 있다. 버드나무는 겨울이 되어도 수분 확보에 큰 어려움이 없는 물가에 살고 있기 때문에 오래도록 푸른 잎을 달고 있는 게 아닐까?

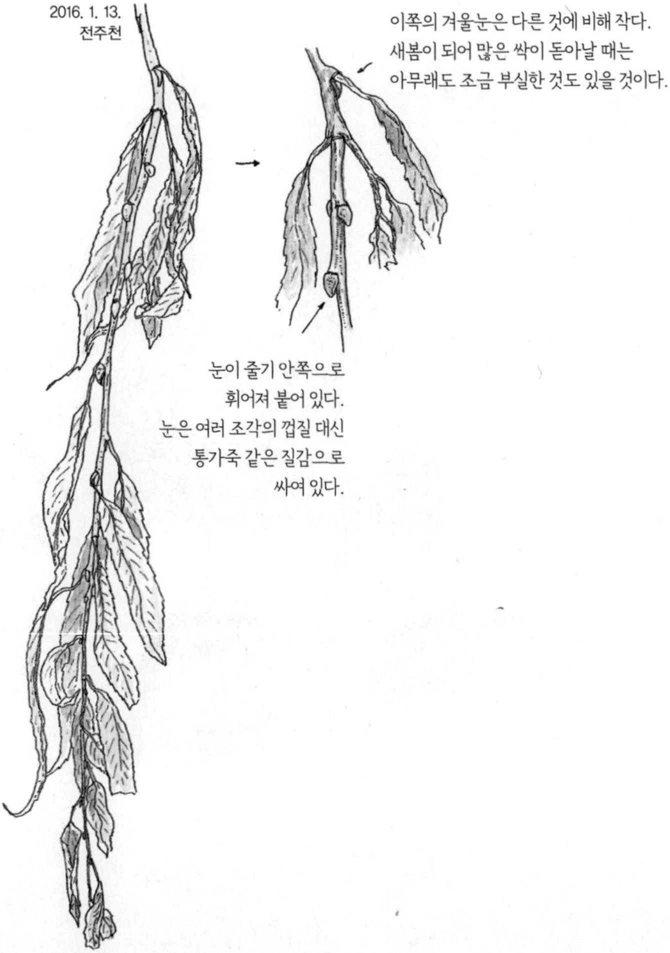

버드나무

산책하다가 주워 온 가지를 혹시나 하고 물병에 꽂아두었더니 뿌리가 나왔다. 뿌리가 나온 지점은 바로 겨울눈 아래다. 겨울눈이 생장점이니 거기서 뿌리가 나오는 것 같다. 겨울눈이 씨앗 기능을 한 셈이다.

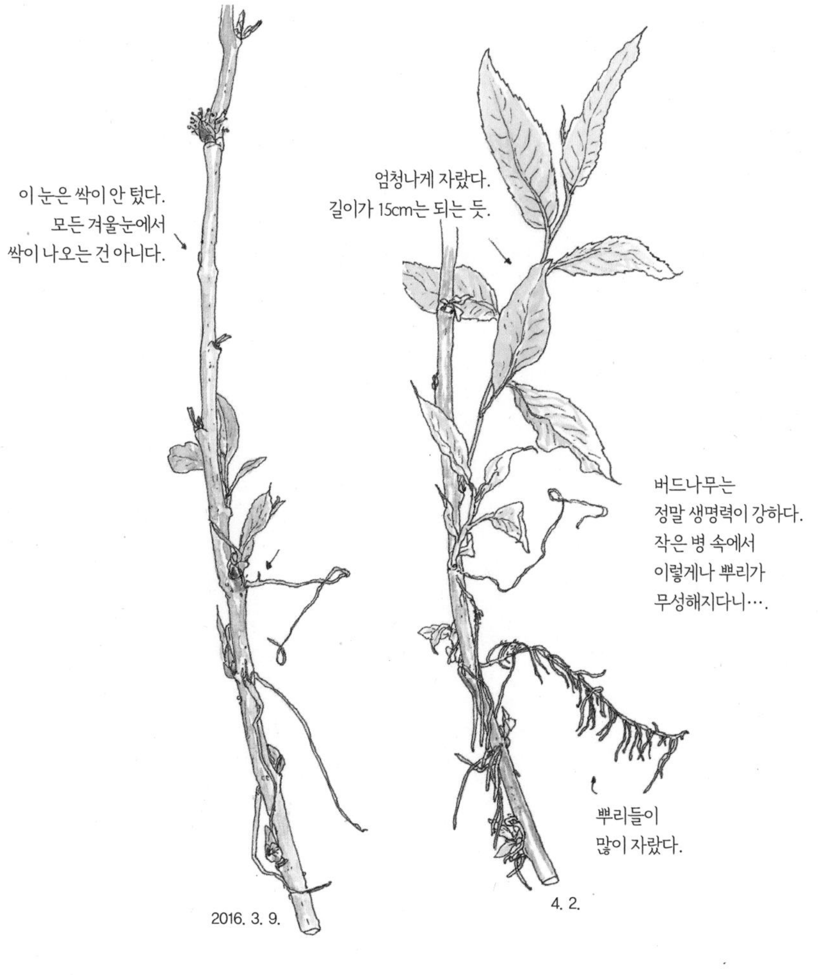

제 3 부

로제트식물의 겨울나기

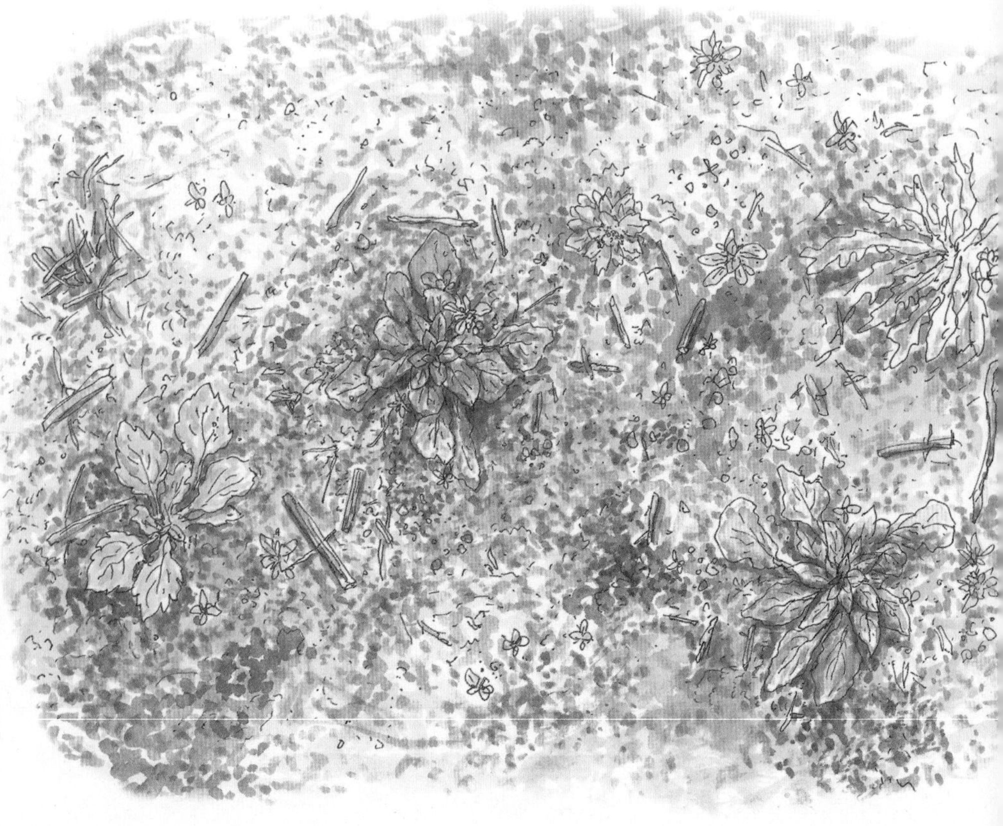

로제트식물 이야기

나무에겐 추운 겨울을 견디는 힘이 있다. 낙엽을 떨어뜨리고 생장을 멈추며 휴식기를 가진다. 겨울눈을 만들어 새싹을 두터운 외투로 감싸준 다음, 다른 부분은 조용히 쉬면서 새봄을 기다린다.

풀은 어떨까? 대부분은 죽어버린다. 깨끗하게 한 삶을 정리하고 올해 열심히 만든 씨앗을 이용해 다음해엔 다른 삶을 이어간다. 그것이 보통 풀들의 삶이다. 그런데 풀 중에서도 겨울에 죽지 않고 견뎌내는 것들이 있다. 로제트식물이다. 우리말로 '방석식물'이라고 부르는 로제트식물은 잎이 달린 채 땅바닥에 달라붙어 겨울을 난다.

로제트식물은 늦가을부터 겨울 내내 들이나 흙길, 도심 보도블록 사이에서도 쉽게 만날 수 있다. 나무의 겨울눈만 보지 말고 겨울 땅바닥에 붙어있는 로제트식물도 찾아보자. 그 자리에서 봄에 꽃을 피우는 모습까지 기다려 관찰하면, 로제트의 주인공이 누구였는지 알아내는 재미도 있다.

냉이를 우리 동네에서는 '나순개'라고 불렀다.
봄이 오면 아이들끼리 "나순개 캐러 가자" 하고 바구니 들고 나서곤 했다.
어려서 내가 알던 들풀이며 나무 이름이 도감에 나와 있는 것과는 다른 게 많다
어쩌면 그렇게 지역마다 입에서 입으로
뜻도 모르고 전해지던 이름들이 더 우리말 같다는 생각이 든다.

냉이

지칭개 로제트다.

냉이와 헷갈리지만 좀 더 푸르스름하고, 잎도 자세히 보면 다르다.

좀 더 자라 꽃대를 올리면 그것을 꺾어 껍질을 벗겨 먹었다.

씁쓸한 맛이 느껴지지만 그래도 아삭아삭한 식감이 좋아 재미로 종종 먹었다.

2016. 3. 6.

지칭개

로제트란?

로제트(rosette)는 장미꽃 모양을 닮은 장식을 일컫는 말이다. 그렇다면 로제트식물이란 무엇일까? 방석식물 혹은 근생엽(根生葉)이라고도 불리는 것으로, 풀이면서 죽지 않고 겨울을 난다. 추운 겨울을 나기 위해 땅바닥에 바짝 붙어 잎을 장미꽃처럼 사방으로 펼치고 있어 로제트라는 이름이 붙었다.

냉이, 달맞이꽃 등 여러 식물이 로제트 형으로 겨울을 난다. 키를 잔뜩 낮춰 바람을 피하고, 사방에 뻗은 잎으로 햇빛을 최대한 받아 광합성을 하며, 땅에 바짝 붙어 지열의 도움을 받고, 몸에 털이 많은 상태로 겨울을 난다. 이들은 주로 가을에 싹을 틔워 잎이 달린 채로 겨울을 나고 이듬해 봄에 일찍 꽃을 피우는데, 마치 이모작을 하듯 한 해에 두 번씩 자라는 것도 있다.

로제트식물의 잎 나는 순서를 살펴보면, 가장 바깥에 있는 잎이 제일 먼저 난 것이고 안쪽에 있는 잎일수록 나중에 난 것이다. 잎은 빙 돌아가면서 나는데 그 각도가 135도 정도 된다. 그래야 서로 겹치지 않고 촘촘하게 잎이 날 수 있다.

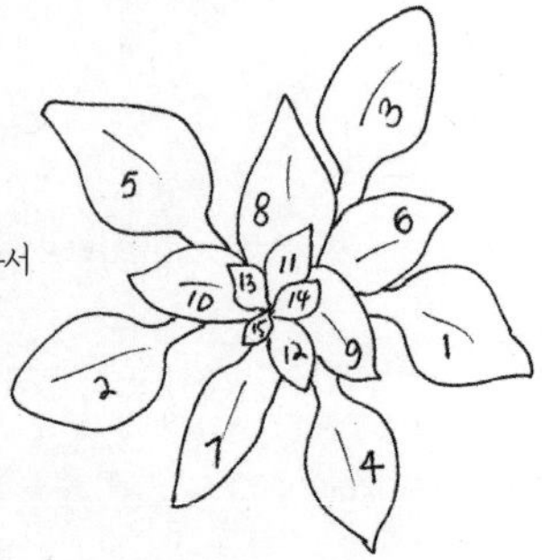

로제트식물의 잎 나는 순서

로제트로 겨울을 나는 풀들이 생각보다 많은데,
그 가운데 으뜸은 바로 이 달맞이꽃이라고 생각된다.
아름다움은 주관적인 것이라고 하지만
이 빼어난 조화와 균형을 흠잡을 사람이 누가 있을까?

2016. 3. 4. 전주천

봄을 빨리 알려주는 꽃 중의 하나, 큰개불알풀의 로제트다.
그 이름이 민망하고 일본 것을 그대로 가져왔다고 해서
요즘은 '봄까치꽃'으로 바꿔 부르는 사람이 많은데, 나는 영 맘에 들지 않는다.
시골 어르신들은 이 나물을 '깐밥쟁이'라고 하신다.
깐밥은 '누룽지'를 뜻하는 사투리인데, 로제트 때 잎 나는 모양이
가마솥에 덕지덕지 붙은 누룽지를 연상시켰던 게 아닐까?

2016. 3. 5.

큰개불알풀

독초로 알려진 산괴불주머니도 로제트식물이다. 줄기를 톡 부러뜨려 향을 맡으면 쓴내가 확 끼얹듯이 난다. 시골에서는 '맬래초'라고 불렀다.
이 연한 잎을 따다가 뜨거운 물에 살짝 데쳐 물에 씻고 헹구기를 몇 번.
잠깐 물에 담가두었다가 꺼내서 쪽 짜고 무친다. 된장, 참기름, 설탕, 깨소금도 넣는다.
이 나물은 꼭 이맘때 먹어야 한다. 잎이 너무 많이 패면 쇠어서 먹지 못한다.
냉이도 보통 로제트일 때 먹지 않는가? 같은 이치라고 보면 된다.
맬래초 나물을 먹다 보면 그 맛에 젓가락이 멈추지 못하고 계속 움직인다.
그래서 다 먹고 나면 꼭 졸려서 곯아떨어진다. 쓴맛을 내는 식물을 먹으면 잠이 잘 온다.
코알라도 유칼립투스 독을 해독하느라 잠을 잔다고 한다. 같은 이치일 듯하다.

2016. 3. 6.

꽃이 피면
이런 모습이다.

선 따기 연습으로 최적

그림은 입체를 평면으로 옮기는 과정이라고 할 수 있다. 눈앞의 대상은 입체이고 그것을 평면인 종이에 옮긴다. 입체를 평면에 그리려면 먼저 그 대상을 선으로 인식할 수 있어야 한다. 이렇게 사물을 선으로 인식해 그리는 작업을 '윤곽선(외곽선) 따서 그리기contour drawing', 간단히는 '선 따기'라고 부른다.

그림을 잘 그리려면 대상을 선으로 따서 그리는 연습을 자주 해야 한다. 그림을 잘 그린다는 것은 결국 '잘 본다'는 것인데, 내가 눈으로 잘 본 것을 그대로 손이 좇아가면서 종이에 옮겨 그릴 수 있어야 한다.

이 연습을 하는 데 적당한 대상으로 평범한 사물들보다는 자연물이 좋다. 자연물은 저마다 형태가 자유로워 선 따기 실력을 향상시키는 데 도움을 준다. 특히 나뭇가지의 뻗음이나 로제트 잎 모양을 그리면 재밌고 도움도 많이 된다.

머릿속에서 어떤 규칙을 생각하지 말고 그냥 생긴 대로 좇아가면서 그려보자. 처음에는 울퉁불퉁 불규칙적이고 이상한 듯해도 그려놓고 보면 꽤 그럴 듯하다. 자연물 자체가 멋진 예술품이기 때문이다.

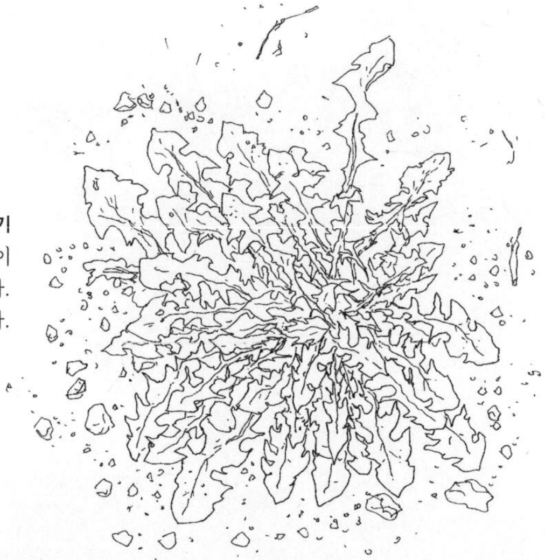

민들레 선 따기
그냥 아무 생각 없이
선을 따다 보면 마음이 평온해진다.
내가 풀이 된 듯하다.

봄동도 로제트다.

선 따기 후에 채색까지 하면 이런 그림이 완성된다.

2016. 3. 10.

로제트식물의 성장 형태

어릴 때는 모두 땅바닥에 붙어있던 로제트식물이 자라다 보면 조금씩 다른 모습을 한다. 크게 세 종류로 나뉜다.

1. 어릴 때 모습 그대로 자라며 꽃대만 올리는 종류. 민들레, 질경이 등이 속한다.
2. 줄기가 자라나면서 줄기에도 잎이 나는 종류. 땅바닥에도 잎이 있고 줄기에도 잎이 있는 것으로 냉이가 대표적이다.
3. 자라면서 땅바닥에 붙어있던 잎들이 위쪽으로 쭉 늘어나는 종류. 나중엔 땅바닥에 잎이 하나도 남지 않는 것도 있다. 달맞이꽃이 여기 속한다.

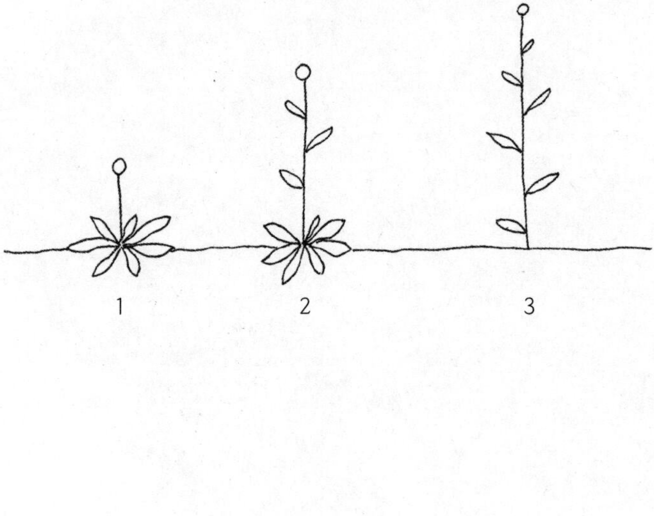

고들빼기가 이만큼 자랐다.

아직도 붉은빛을 띠고 있지만 금방 쑥 커버릴 것이다.

잎이 많이 갈라진 것은 햇빛에 더 잘 반응하기 위함인지도 모르겠다.

해가 비치자마자 잎이 오므라들었다.

광합성 기능을 활성화하기 위한 장치일지도 모르겠다.

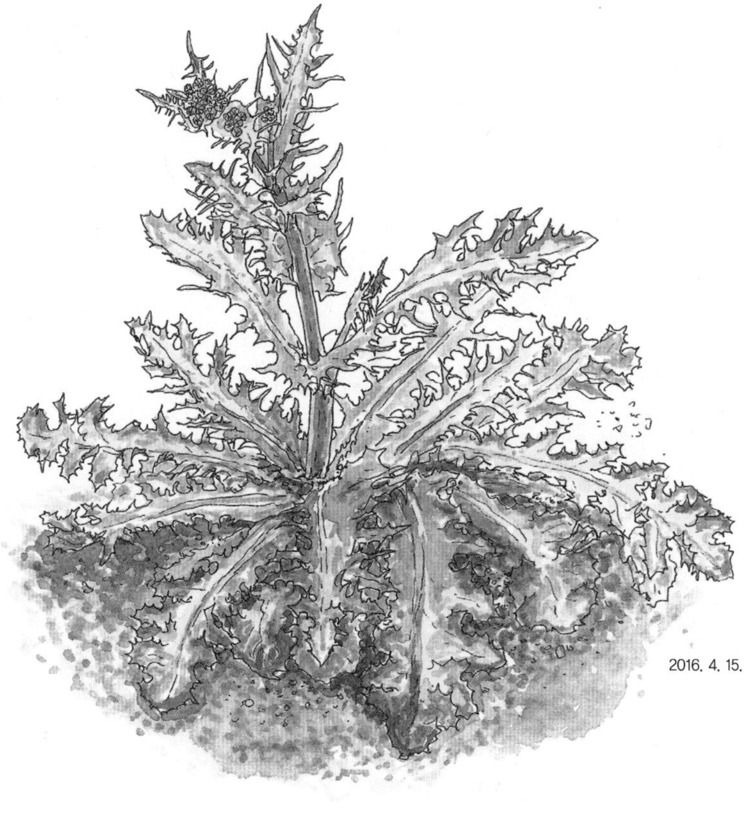

2016. 4. 15.

봄에 꽤 크게 자라는 애기똥풀도 로제트식물인 것을 모르는 이가 많다.
다른 로제트식물들에 비해 흙속에 잎을 많이 넣고 있다.
잎자루가 길다 보니 흙에 더 덮히게 된 것 같은데 정확한 이유는 모르겠다.

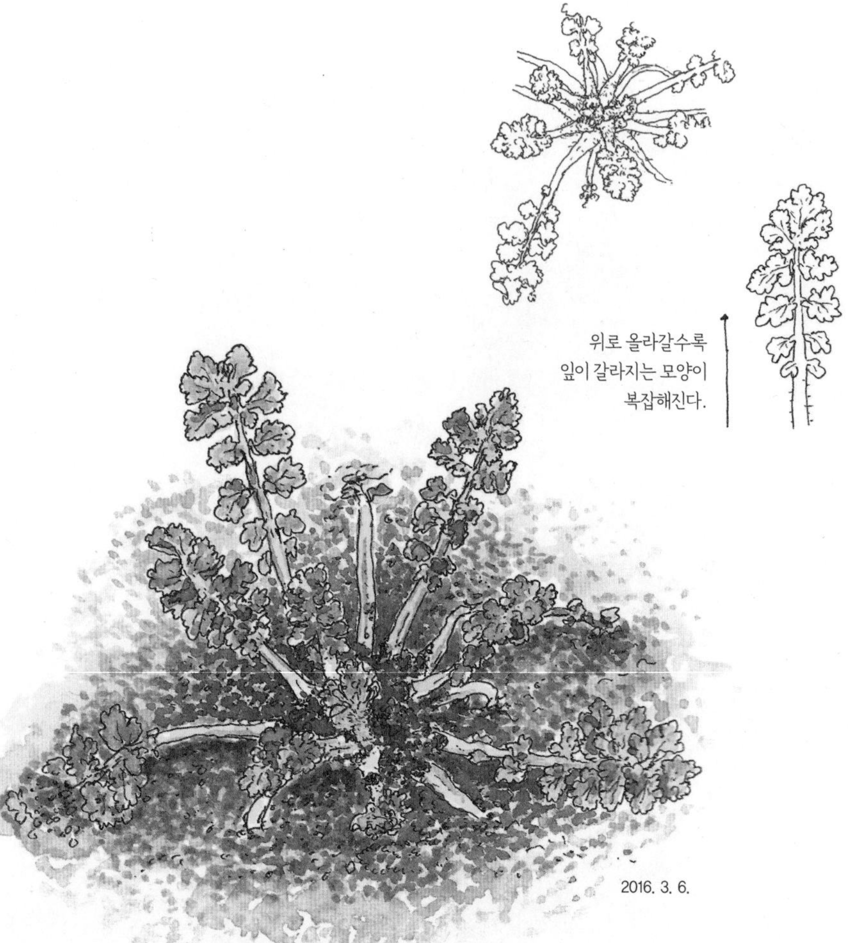

애기똥풀

꽃마리 로제트
잎자루가 길어 잎이
꼭 숟가락처럼 생겼다.

2008. 3. 31.

꽃마리 꽃
아주 흔한 풀꽃이지만 너무 작아 모르고 지나치는 경우가 많다.
가까이서 확대하듯 바라보면 꽃 모양도 귀엽게 생겼다.

끝 부분이 말려 있다.
그래서 꽃마리인가?

핀 꽃은 남보라색이고
아직 덜 핀 꽃은 분홍색이다.
꽃이 피면서 색이 변한다.

2010. 4. 9.

잎 뒷면에 점점이 땀구멍 같은 것이 있고
그 구멍에서 털도 난다.

이뿔싸! 봄이 와버렸다.

나무는 생강나무가, 풀은 꽃다지가 봄을 알리는 전령사 같다.

그러고 보니 둘 다 노란색이네? 노란색 꽃에는 비밀이 하나 있다.

노란색은 식물이 만들어내기에 가장 쉬운 색깔이라고 한다.

그게 사실이라면, 이른 봄에 얼른 꽃을 피우려는 꽃들은 노란색이 유리하겠다.

시골 어머니께 "이 풀은 뭐라고 불러요?" 하고 물으니

코딱지나물이라고 하신다. 코딱지와 꽃다지는 어감이 비슷하다.

2016. 3. 6.

꽃다지

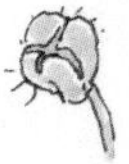

십자화과라 네 갈래로 갈라지면서
꽃이 나온다. 털이 아주 많다.

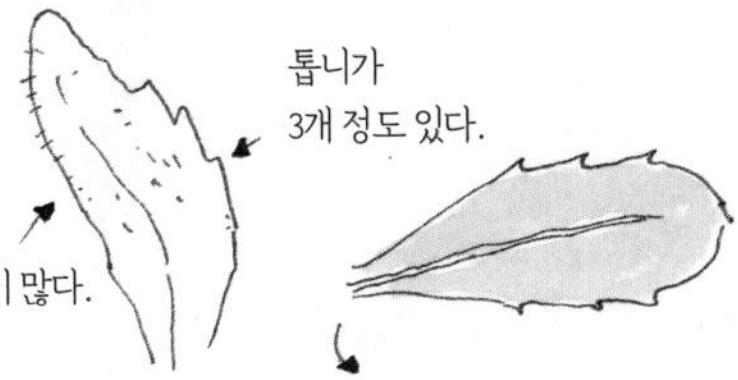

톱니가
3개 정도 있다.

잎에도 털이 많다.

잎맥 중에 주맥은 보이는데
측맥은 안 보인다.

간격이 좁다.

자라면서
간격이 넓어졌다.

다 자란 모습.
꽃대가 길게 늘어나면서
아래쪽 꽃에서부터 열매가 생긴다.
4. 26.

꽃받침은 떨어지고
꽃잎이 달려 있다.
열매가 조그맣게 생기고 있다.

꽃잎도 거의 떨어졌다.

수술도 떨어지고
열매만 남았다.

2016. 5. 27. 남원 인월중학교에서

질경이

살아가다 보면 남들이 가는 대로 가야 할지, 남들이 가지 않는 길을 가야 할지 고민이 될 때가 있다. 남들이 모두 가는 길은 안전하고 편안하지만 재미는 덜하다. 나만의 길을 가면 불안하고 시련이 따르지만 재미있고 자기만족도가 높다.

자연에서도 이런 갈림길에서 자기만의 삶의 방식을 만들어가는 것들이 있다. 추운 겨울을 맨 몸으로 견뎌내 누구보다 빨리 꽃을 피우고 열매까지 맺으려는 로제트식물의 전략은 남다르다. 그중에서도 질경이는 키 경쟁에서의 불리함을 극복하기 위해 숲이나 풀밭을 떠나 아예 나대지에서의 삶을 선택했다. 햇빛을 받기는 좋지만 지나다니는 사람들의 발걸음이나 수레바퀴가 시련이다. 수없이 밟히는 이 시련을 견뎌내기 위해 질경이는 잎과 줄기를 질기게 만들었다. 잎 안에 하얀 실 같은 것도 있어 잘 찢어지지 않는다.

8. 7.

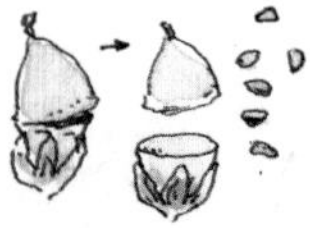

질경이 씨앗에는 냄비처럼 뚜껑이 있다.
잘 익으면 조그만 충격에도 뚜껑이 잘 열린다.
그러면 안에 있는 깨알 같은 씨앗이 밖으로 튀어 나온다.
질경이 열매가 매달린 위치는 사람이 걷다가
신발에 잘 차이는 부위다.
그런 까닭에 산 정상에 가도 질경이가 있는 것이다.
전국 어디서나 질경이를 볼 수 있는 것은
바로 사람 때문이다.

이른 봄에 산책을 하다가 땅에 돋아난 식물을 보고 벌써 잎이 돋았다고 놀라는 사람이 많다. 3월도 안 되었는데 벌써 돋아났다고…. 놀라긴 이르다. 사실 2월이 아니라 더 일찍 돋아난 것이니까.

그 잎들은 이미 작년 가을에 돋아났다. 로제트식물은 그 모습으로 겨울을 견디고 곧바로 봄에 일찍 꽃을 피우고 열매를 만들어 버린다. 번식을 빨리 하려는 목적도 있지만, 대부분의 로제트식물은 일 년에 두 번 꽃을 피운다. 즉, 이모작을 하는 셈이다. 그러자면 생애 주기가 짧아야 한다. 시간적으로는 긴 겨울을 건너뛰면 그 시간을 맞추기 어렵다. 그래서 겨울을 최대한 잘 활용한다.

이른 봄에 꽃을 피우고 열매를 맺은 로제트식물은 가을에 다시 꽃을 피우고 열매를 맺는다. 그 씨앗들이 떨어져 늦가을에 새싹이 나고 그 싹이 로제트 형태로 겨울을 나는 것이다. 물론 모든 로제트식물이 그런 것은 아니다. 내가 본 바로는 민들레, 뽀리뱅이, 개망초 등이 한 해에 두 번 이상 번식하는 것 같다.

2010. 5. 10. 청강대

서양민들레

제 4 부

봄을 알리는 전령사들

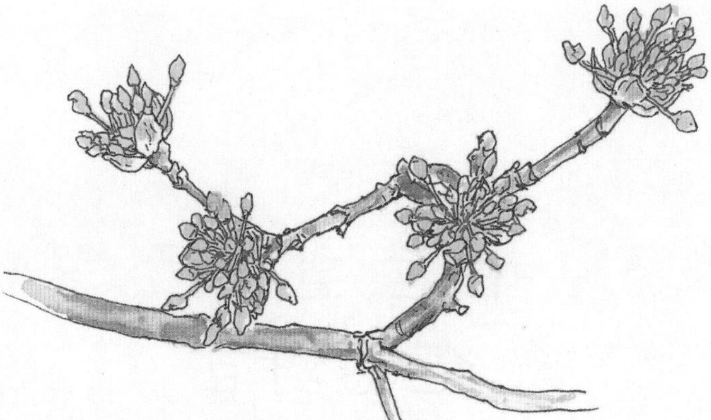
산수유

봄이 온다는 것

봄, 여름, 가을, 겨울. 사계절은 어떻게 구분할까? 봄은 언제부터 봄이고 여름은 언제부터 여름인 걸까? 달력을 보고 '3월이니 봄이다'라고 말할 수 있을까?

'철이 없다, 철이 들었다' 하는 표현이 있다. 이때의 철은 사리분별을 하는 능력, 현명함을 뜻한다. 이 말의 어원도 계절에서 왔다. 계절을 잘 아는 사람이 현명한 사람이라는 의미가 내포되어 있다. 영어에도 'seasoned man'이라는 단어가 있다. 보통 전문가나 박사, 즉 똑똑한 사람, 뭔가에 익숙한 경지에 오른 사람을 가리킨다. 우리의 '철든 사람'과 같은 표현이라 할 수 있겠다.

계절을 잘 안다는 것은 계절의 변화를 알아채는 것이다. 과거 우리 선조들은 어떻게 계절의 변화를 알았을까? 바로 자연을 보면서 눈치 챘다. 관찰력을 발휘해 바람이 얼마나 따듯해졌는지, 어떤 새가 울기 시작했는지, 어떤 꽃이 피는지 하는 변화들을 예민하게 살폈을 것이다. 그리고 그에 맞춰 농사를 지었을 것이다. 관찰력이 좋은 사람이 철든 사람이고, 그런 사람이 현명한 사람으로 대접받던 시절이었다.

그렇다면 봄이 오는 것은 무엇으로 알까? 얼었던 계곡물이 풀리고, 풀들이 머리를 쏘옥 내밀고, 곤충이 날아다니고…. 그리고 무엇보다 확실한 변화가 꽃이다. 아침에 일어나 어떤 식물에 꽃이 피었는지를 보면 지금 어느 계절쯤에 와있다는 것을 바로 알 수 있다.

사람들은 꽃이라고 하면 주로 봄을 생각한다. 하지만 꽃은 사계절 핀다. 여름에도 피고 가을에도 핀다. 그렇다면 겨울에도 꽃이 필까? 온실에서가 아니라 자연에서도 겨울에 꽃이 필까?

제주도나 남부지방처럼 따뜻한 지역에서는 겨울에도 길가에서 종종 꽃이 핀 식물을 볼 수 있다. 대표적인 것이 동백이다. 동백꽃을 과연 겨울꽃이라고 해야 할까, 봄꽃이라고 해야 할까? 12월에도 1월에도 동백은 피니 달력으로 셈하자면 겨울꽃이다. 한편으론 겨울이라도 따뜻한 남쪽 지방에서나 피니 이른 봄꽃이라고 보는 게 맞지 않을까?

한 해를 마감하는 계절의 끝이 아니라 새로운 시작을 알리는 이른 봄에 피는 꽃. 꽃 중에서 가장 빨리 피는 꽃은 역시 동백이라고 할 수 있다.

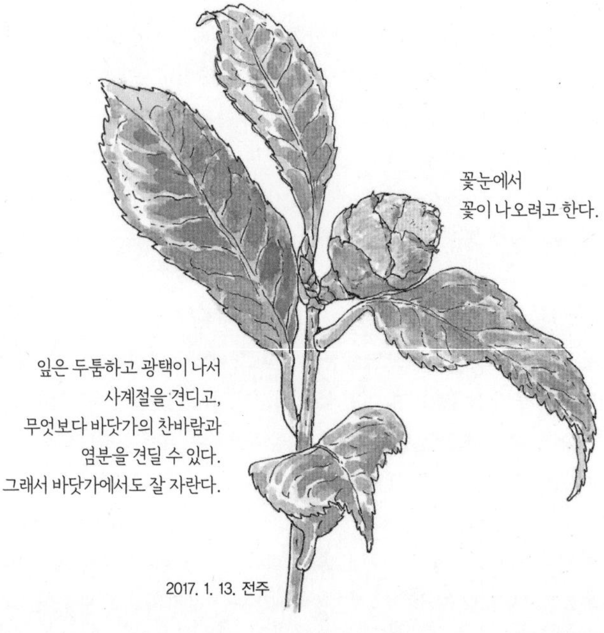

동백나무

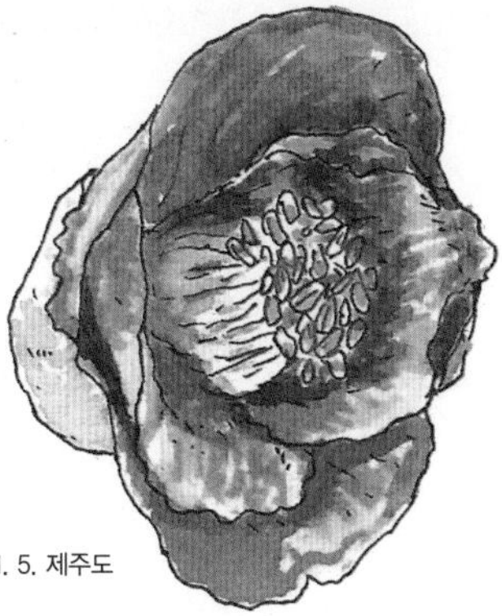

2015. 1. 5. 제주도

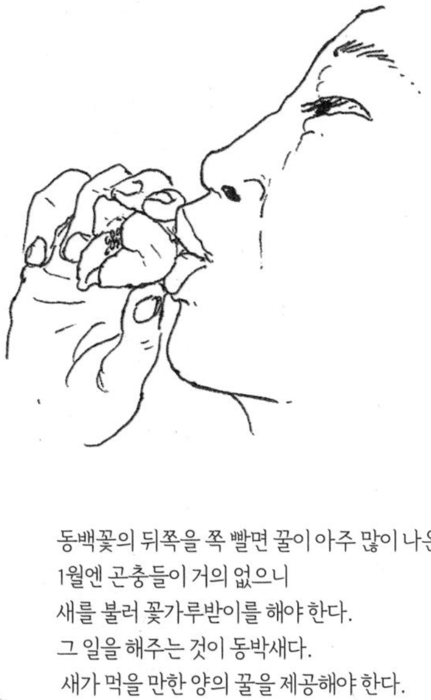

동박새

동백꽃의 뒤쪽을 쪽 빨면 꿀이 아주 많이 나온다.
1월엔 곤충들이 거의 없으니
새를 불러 꽃가루받이를 해야 한다.
그 일을 해주는 것이 동박새다.
새가 먹을 만한 양의 꿀을 제공해야 한다.

다른 나무보다 빨리 꽃을 피우는 매실나무.

아직 겨울이지만 다른 겨울눈들에 비해 벌써 돋아날 준비를 하고 있다.

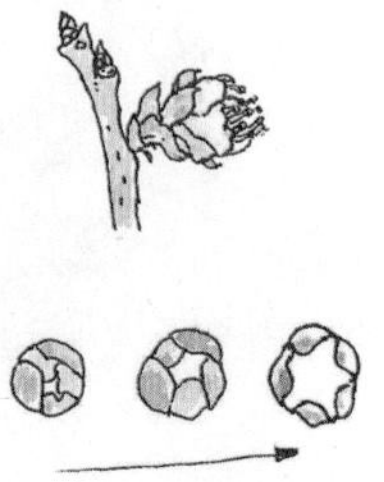

꽃눈이 터지면서 점점
흰 별이 보이기 시작한다.

2017. 1. 28. 시골집

매실나무

전주한옥마을에 친구를 만나러 나갔다가 담장 너머 매화가 핀 것을 보았다.
매화는 이른 봄에 흰색, 분홍색 꽃이 잎보다 먼저 핀다.

2016. 3. 3. 전주

[매화와 닮은 꽃 구별하기]

매화

살구꽃

매화와 다른 꽃을 구분하기가 쉽지 않다. 그중에 피는 시기와 형태가 가장 비슷한 것은 살구꽃이다. 매화는 꽃받침이 꽃처럼 생겨서 그대로 형태를 유지하는 반면, 살구는 꽃받침이 뒤집어진다. 더욱 명확한 건 꽃향기를 맡으면 알 수 있다. 향기가 좋고 그윽하면 매화다. 살구보다는 매화를 많이 심기 때문에 대부분 매화라고 보아도 된다.

벚꽃

자두꽃

벚꽃과 자두꽃 등은 매화에 비해 좀 늦게 피고 형태가 많이 다르다. 벚꽃은 특히 꽃자루가 길어 쉽게 구분할 수 있다. 자두는 꽃잎이 조금 허술하게 붙어있는 듯하다.

회양목도 나무 중에서는 매화와 함께 가장 빨리 꽃을 피우는 축에 든다.
잎눈은 아직 꿈쩍도 안 하는데 꽃이 벌써 피었다.
지금 달린 잎들은 다 작년에 난 것이다.
꽃이 작은 데 비해 향이 아주 좋다. 벌써 벌이 날아들고 있다.
벌이 활동을 시작하는 시기에 딱 맞춰 제일 먼저 꽃을 피운 것일까?
꽃도 벌도 참 부지런하다.

회양목

잎보다 꽃이 먼저 피는 이유

이른 봄에 꽃 피는 나무들을 보면 대부분 잎보다 꽃이 먼저 나온다. 개나리도 진달래도 목련도 생강나무도 산수유도, 잎보다 꽃이 먼저 핀다. 그 나무가 유인하려는 곤충의 활동 시기가 이른 봄이기 때문일까? 그 관계가 맞아 떨어져 잎보다 꽃을 먼저 피우는 방법을 선택한 것일까?

나비보다는 꿀벌 종류가 이른 봄에 먼저 움직이니 수분에 벌을 이용하는 식물이 나비를 이용하는 식물보다 먼저 꽃을 피웠다고도 상상할 수 있다. 하지만 벌은 여름과 가을에도 활동한다. 벌을 부르는 것만을 의도했다면 굳이 일찍 꽃을 피우지 않아도 되었을 테니, 곤충만이 원인이라고 볼 수 없다.

식물의 잎은 광합성을 하고, 꽃은 꽃가루받이를 한다. 광합성으로 양분을 만들어내고 꽃가루받이로 번식을 한다. 즉, 잎보다 꽃이 먼저 핀다는 것은 생장보다 생식을 먼저 한다는 얘기다. 그중 어느 것을 먼저 하느냐로 객관적인 유불리를 논하기는 어려울 것 같다. 그보다는 식물마다 자신에게 더 나은 방법을 찾고 거기에 적응한 결과일 것이다.

생각해 보면, 잎보다 꽃이 먼저 피면 그나마 곤충들은 꽃가루받이를 하기 위해 꽃에 오갈 때 이동하기가 무척 편할 것이다. 무성한 잎들 속에 파묻힌 꽃을 찾아낼 수고가 필요 없으니 꽃가루받이 확률도 더 높아지지 않을까?

시골집에서 전주로 넘어가는 길가에서 발견했다.

어릴 적엔 우리 동네에 생강나무가 없는 줄 알았다.

자연 공부를 하게 된 후 시골집 뒷산에 갔다가 아주 많이 있다는 걸 알았다.

알고 나면 더 잘 보인다. 세상 일이 다 그렇듯이.

생강나무

흔히 알고 있는 목련은 사실 백목련이고, 이게 진짜 목련이다.
꽃잎 뒷면에 자주색 줄무늬가 있다. 꽃도 조금 더 작다.

2016. 4. 16.

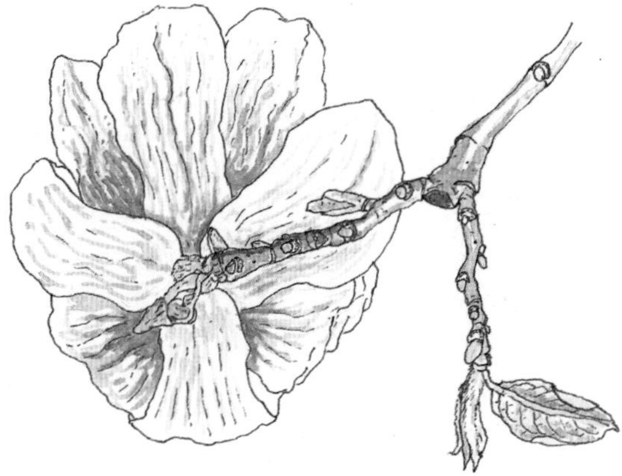

목련

목련이 피기 시작했다. 꽃 가까이 코를 갖다 대니 황홀한 향이 난다.
이런 향수를 만들어서 뿌리면 다 넘어갈 것 같다.

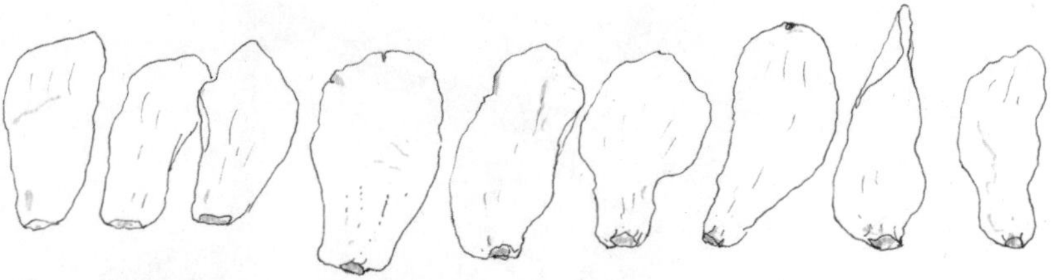

꽃잎은 모두 9장이다. 목련 꽃잎은 작은 상처가 나도 금방 갈색으로 탈색되어 버린다.
꽃잎을 도화지 삼아 그림을 그려보면 재밌다.

목련꽃이 피는 모습.

햇빛이 많이 비치는 남쪽 부분의 성장이 빨라 북쪽을 향해 휘어져 자란다고 들었다.

나침반으로 방향을 재보니 북동쪽이다.

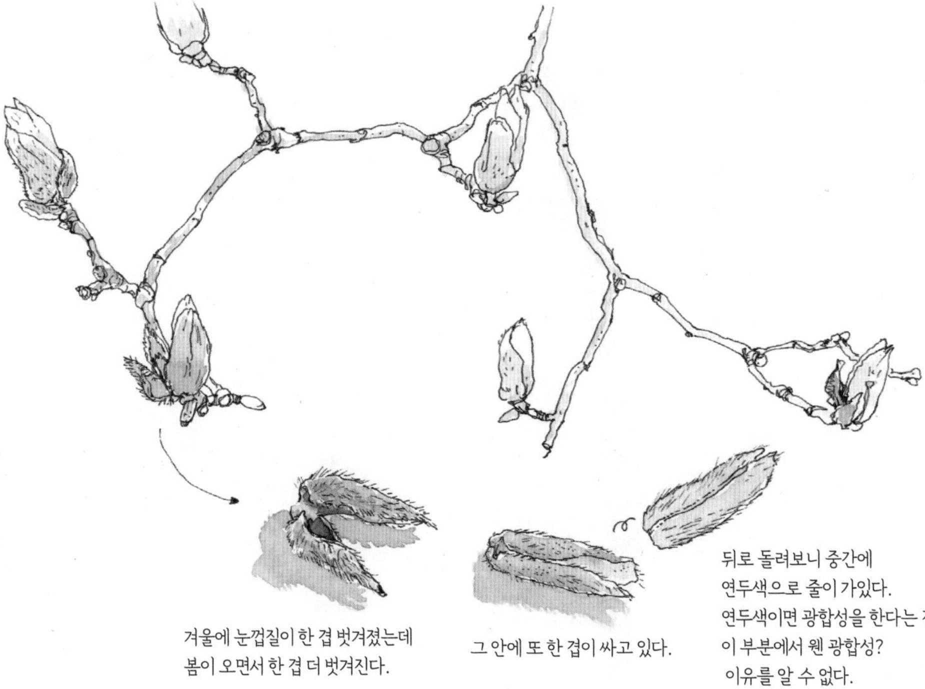

겨울에 눈껍질이 한 겹 벗겨졌는데
봄이 오면서 한 겹 더 벗겨진다.

그 안에 또 한 겹이 싸고 있다.

뒤로 돌려보니 중간에
연두색으로 줄이 가있다.
연두색이면 광합성을 한다는 건데
이 부분에서 웬 광합성?
이유를 알 수 없다.

봄이 오면 여기저기서 꽃들이 피기 시작한다.
그 중에서도 눈에 가장 잘 띄는 것이 개나리이다.
도심에서도 쉽게 볼 수 있는 나무이기에 개나리꽃을 모르는 이가 없다.
그런데 개나리꽃이 피는 것을 가만히 관찰해 보면 도대체 규칙을 알 수 없다.
어떤 눈에서 꽃이 나오고, 어떤 눈에서 잎이 나오는지.
꽃이 먼저 나오는 것 같지만 잎도 금방 뒤따라 나온다.
알 수 없음은 어쩌면 자연의 본질일지도 모른다.

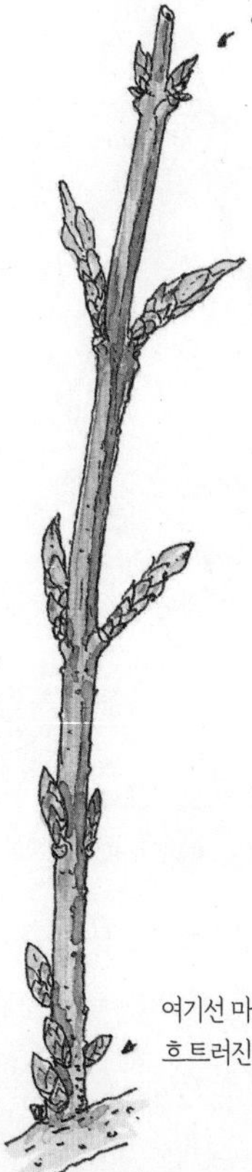

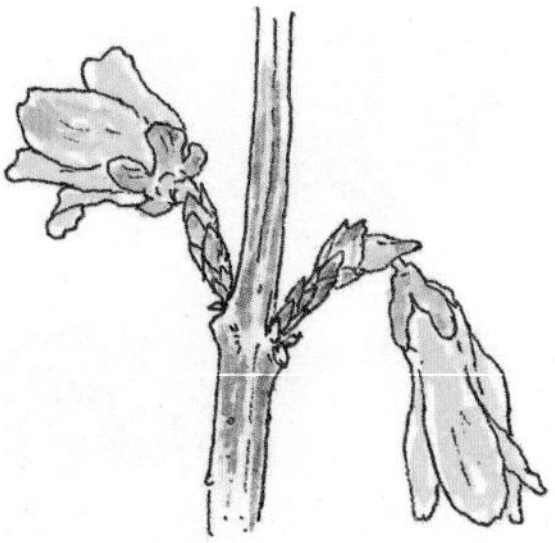

개나리

4. 3.

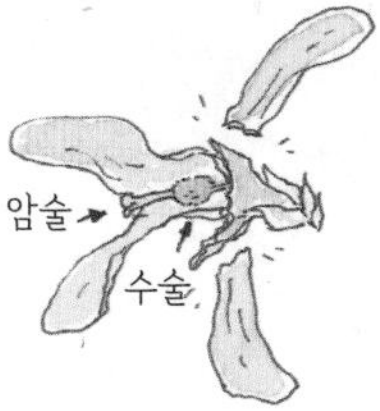

장주화.
암술이 수술보다 길다.

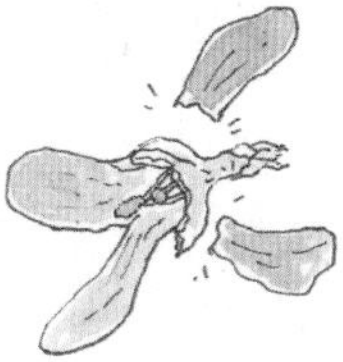

단주화.
수술이 암술보다 길다.

개나리 꽃

암수딴그루인 개나리는 꽃도 두 가지로 핀다. 두 나무 모두 암술과 수술이 있는 꽃을 피우는데, 하나는 암술이 긴 장주화이고 하나는 암술이 짧은 단주화다. 한 종류만 심으면 열매를 맺지 못한다고 한다.

개나리 열매

6. 27.

진달래도 잎이 나오기 전에 꽃을 먼저 피운다.
열매를 빨리 맺으려는 전략이다.

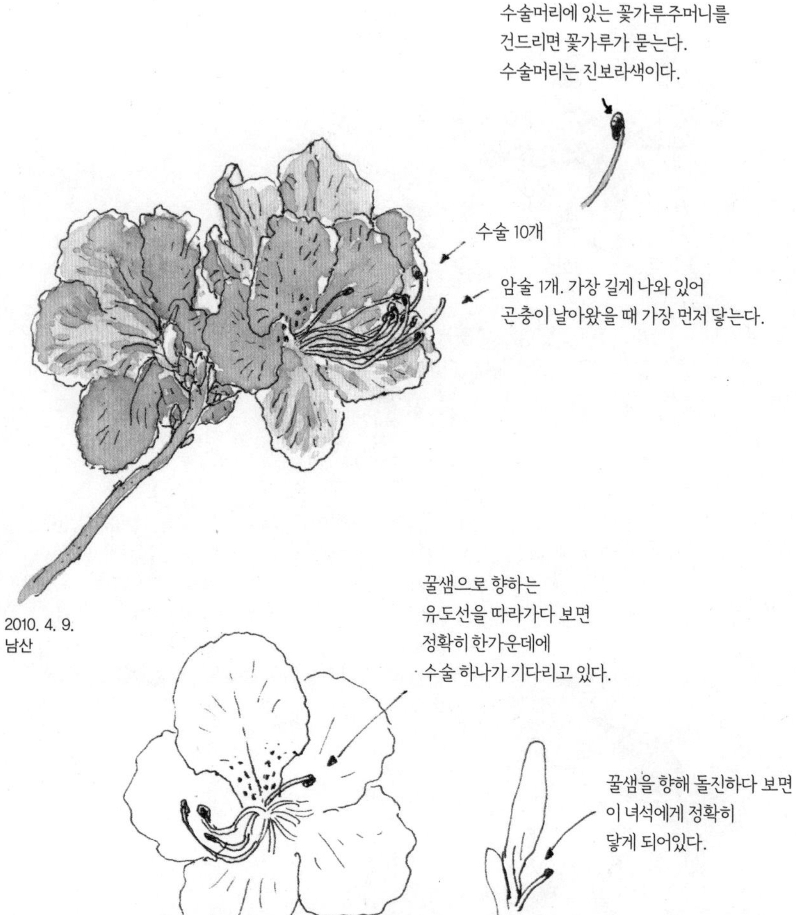

진달래

진달래와 철쭉이 헷갈린다는 사람이 많은데, 알고보면
이들이 알고 있는 철쭉이 진짜 철쭉이 아닌 경우가 많다.
도시에서 정원수로 심는 산철쭉을 철쭉으로 착각한 것이다.
진짜 철쭉은 깊은 산속에서 자라 보기 어렵다.

피기 전의 꽃은
색이 더 진하다.

2010. 5. 3.
청강대

진달래처럼 꿀샘이 있는 위치를
곤충에게 알려주는
유도점들이 찍혀 있다.

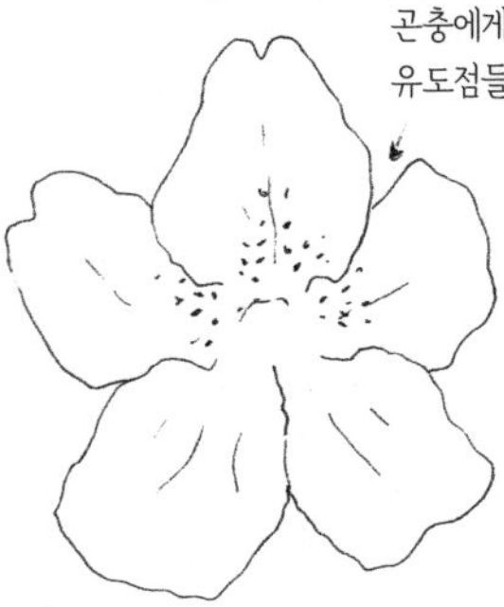

꽃잎은
서로 겹쳐 있다.

꽃봉오리를 위에서 보면
오각형이다.

잎이 마치
꽃처럼 난다.

진달래, 철쭉, 산철쭉의 차이점

1. **꽃 색깔:** 진달래가 연보라색이라면 철쭉은 연분홍이랄까? 오히려 사람들이 헷갈리는 것은 진달래와 산철쭉이다. 꽃 색깔이 거의 비슷하기 때문이다.
2. **꽃잎 모양:** 진달래 꽃잎 끝은 둥그렇고, 철쭉이나 산철쭉은 조금 뾰족하다.
3. **잎 모양:** 철쭉 이파리가 훨씬 크고 잎이 난 모양도 마치 꽃 같다.
4. **잎 나는 시기:** 진달래는 꽃이 먼저 피고 잎이 나중에 나지만, 철쭉과 산철쭉은 꽃과 잎이 동시에 난다.

한 가지 더, 사람들이 잘 헷갈리는 것이 영산홍이다. 영산홍은 산철쭉을 개량해서 만든 원예종으로, 진달래나 철쭉과는 많이 다르고 산철쭉과 비슷한 면이 있다. 백 퍼센트는 아니지만, 영산홍은 꽃 안에 꿀샘 유도용 반점이 없고 수술이 5개이다(다른 것은 모두 10개). 잎도 산철쭉에 비해 약간 더 크다.

흔히 정원에서 보는 철쭉의 원래 이름은 산철쭉이다.

산에서 자라는 철쭉은 그냥 철쭉인데, 도시에 심는 나무의 이름이 산철쭉이라니!

이 그림은 가을에 그렸다. 봄에 피어야 할 개나리나 철쭉이 가을에 핀 모습을 종종 본다. 봄의 일조시간, 온도와 일치하는 때가 가을 어느 날에 있기 때문이다. 이런 자연의 실수를 온난화 현상이라거나 미친 꽃이라고 말하기보다 뜻밖의 선물로 기분 좋게 받아들이면 좋겠다. 알고 보면 자연의 실수가 지금의 우리를 만들어냈다. 돌연변이가 없으면 세상의 생물들은 변화할 수 없다. 부모 세대와 다른 자손이 나와야 진화할 수 있다. 위대한 자연도 실수를 하는데, 하물며 인간이 실수를 하는 것은 당연하지 않은가? 나의 실수부터 다른 이의 실수, 특히 어린이의 실수를 인정해 주자.

산철쭉

꽃의 구조

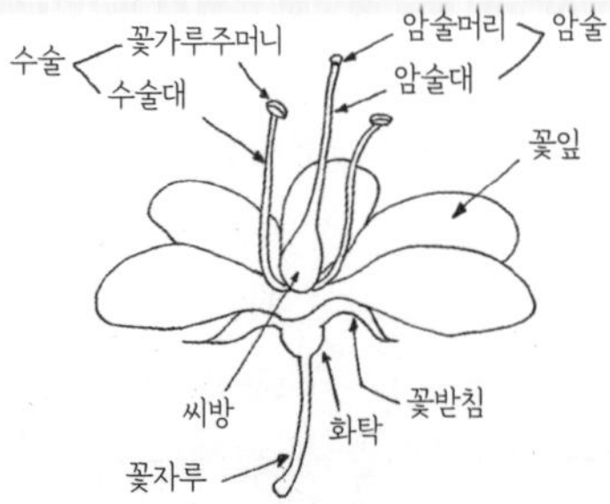

꽃들은 모양이 저마다 다르지만 구조적으로 크게 나누면 꽃잎, 꽃받침, 암술, 수술의 4가지 요소로 이루어져 있다. 꽃받침은 잎이 변해서 생긴 것으로 꽃을 보호한다. 암술은 암술머리, 암술대, 씨방으로 구성되어 있고 수술은 수술대, 꽃가루주머니로 구성되어 있다.

흔히 목련을 원시적인 꽃이라고 한다. 꽃받침과 꽃잎의 구분이 명확하지 않기 때문이다. 이처럼 꽃받침이 없거나 구분하기 어려운 꽃도 있다.

꽃의 4요소를 다 갖추면 갖춘꽃이라 하고 그중 한 가지라도 없으면 못갖춘꽃이라 한다. 꽃잎이 크고 화려한 것은 갖춘꽃이 많고, 꽃이 작고 꽃잎이 덜 발달한 것은 대부분 못갖춘꽃이다. 꽃잎이 한 개로 이루어진 것은 통꽃이라 하고, 꽃잎이 여러 장이면 갈래꽃이라 한다. 언뜻 갈래꽃처럼 보여도 자세히 보면 하나로 이어진 통꽃인 경우가 많다.

꽃을 구분할 때 한 송이의 구조와 형태뿐 아니라, 여러 송이가 매달린 모양으로 구분하기도 한다. 꽃 여러 개가 뭉쳐서 피는 모양을 화서(花序) 또는 꽃차례라고 하는데, 이 꽃차례의 종류도 여러 가지다.

우산 같이 생긴 산형꽃차례(傘形花序, umbel), 흩어지며 달리는 산방꽃차례(散房花序, corymb), 머리 모양을 한 두상꽃차례(頭狀花序, head), 이삭 같은 수상꽃차례(穗狀花序, spike), 주먹을 쥔 것 같은 권산꽃차례(卷繖花序, drepanium) 꼬리처럼 긴 미상꽃차례(尾狀花序, ament), 원추형인 원추꽃차례(圓錐花序, panicle), 총상꽃차례(總狀花序, raceme), 육수꽃차례(肉穗花序, spadix) 등이 있다. 그런데 용어를 대부분 한자로 써서 기억하기 어렵다. 이삭꽃차례, 주먹꽃차례 하는 식으로 누군가 우리말로 정리해 주면 좋겠다.

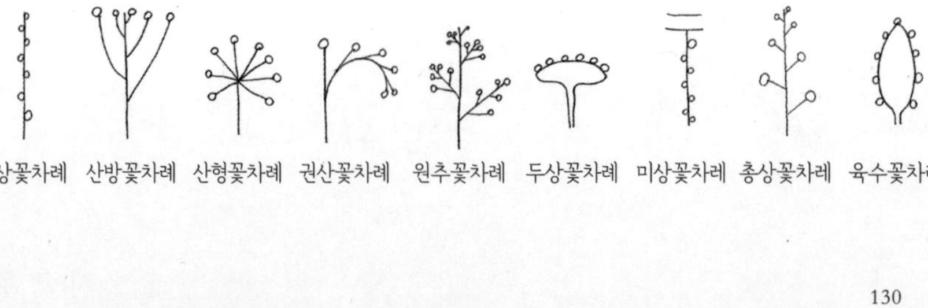
수상꽃차례 산방꽃차례 산형꽃차례 권산꽃차례 원추꽃차례 두상꽃차례 미상꽃차례 총상꽃차례 육수꽃차례

이상향을 가리키는 무릉도원(武陵桃源)의 도가 복숭아꽃을 뜻한다.
옛날 선비들이 예쁜 기생에게 '도화'라는 이름을 지어주거나
'도화살'이라는 말이 생겨난 것도 복숭아꽃을 그만큼 예쁘게 보았기 때문일 것이다.
복숭아나무는 또한 귀신을 쫓는 나무로 알려져 있어 제사상에는 복숭아를 올리지 않는다.
영화 〈전우치〉에서도 악의 상징인 화담이 복숭아 가지에 찔려 죽는 장면이 나온다.

강력한 가시를 갖고 있는 탱자나무에 이렇게 고운 꽃이 피다니!
왠지 우락부락한 아버지 밑에서 귀여운 딸이 태어난 느낌이다.

2016. 4. 14. 시골집

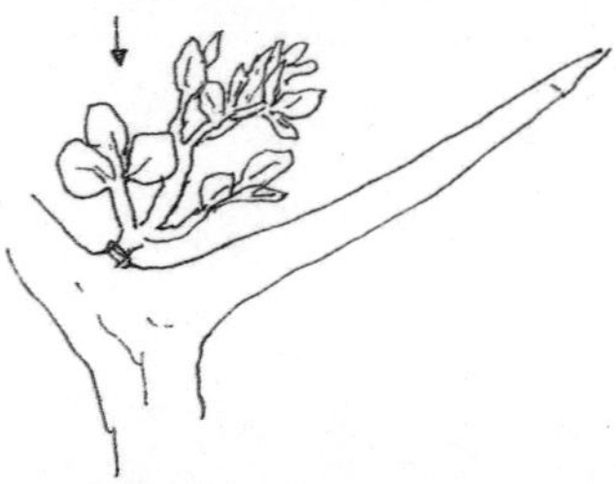

조선 왕실의 상징 문양은 이화문이다. 나는 언뜻 이화가 배꽃(梨花)을 말하는 줄 알았는데, 알고 보니 자두꽃을 나타내는 이화(李花)였다. 그런데 상징화된 그림으로는 배꽃과 자두꽃을 구분하기 어렵다. 두 꽃이 비슷하게 생겼기 때문이다.

어머니께서 배나무 가지치기를 하셨다. 잘라진 가지를 가져와서 꽃을 그리고 있자니 "부케 같다~" 하신다. 배꽃을 이렇게 자세히 본 적이 없다. 생각보다 화려하다. 냄새를 맡아보니… 그다지 좋지 않다. 흔히 말하는 밤꽃 향기가 난다. 같은 성분이 들어있나 보다.

2016. 4. 14. 시골집

배나무

나무에 비해 풀들이 조금 더 빨리 꽃을 피우고

씨앗도 빨리 만들어 세상에 내보낸다.

저마다 인생 시간표가 다르다.

2010. 4. 13.
애니메이션센터 화단

제비꽃

작은 꽃을 관찰하고 그리는 법

식물을 관찰하다 보면 때로 육안으로 보기에 너무 어려운 것들이 있다. 그럴 때는 돋보기나 루페를 준비해서 한번 자세히 들여다보라. 루페로 보면서 그리지는 말고, 충분히 관찰한 다음에 다시 육안으로 보면 신기하게도 처음엔 보이지 않던 것들이 보이기 시작한다.

자세히 관찰하는 것이 중요하다. 그리기 전에 충분한 관찰을 하자. 너무 작은 꽃을 그릴 때는 조금 확대해서 그리는 게 좋다. 펜 선이 두꺼워 작은 것을 그리기 어려울 때도 조금 확대해 그리도록 한다.

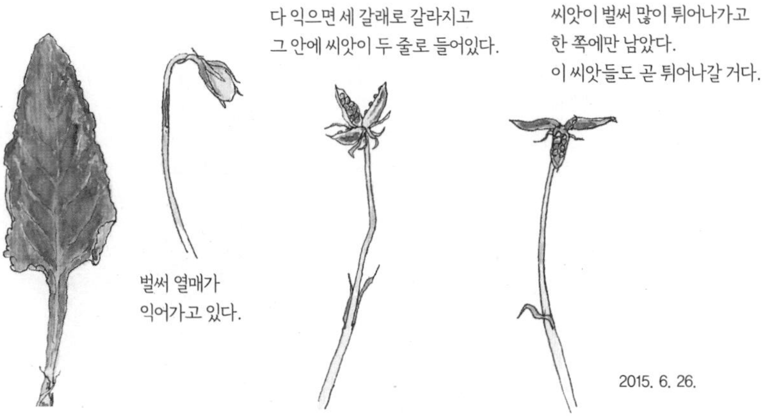

그리기 정모를 마친 후 식사하고 돌아가려는데 애기똥풀이 자꾸 눈에 아른거렸다.
모처럼 시간도 남아 다시 돌아가 그림을 더 그렸다.
봄날의 기운을 듬뿍 담은 애기똥풀을 그리다가 어느새 날이 어두워졌다.
이렇게 그림에 빠져 그려본 것이 얼마만의 일인가?
그림은 그리는 그 순간이 좋다.

2015. 4. 21.

5. 7.

애기똥풀

연필로 그려보고, 펜으로도 그려보았다.
그림 그리는 도구는 다양한 것을 사용해 보고 자신에게 가장 적합한 것을 고르면 된다.
나는 물에 번지지 않는 드로잉 펜과 수채 물감을 즐겨 사용한다.

제 5 부

꽃보다 연두,
신록에 빠지다

밤섬부

진짜 봄은 연초록으로 온다

나무들의 성장 시계가 빨라지기 시작한다. 주변 나무들에 초록물이 들기 시작하면 진짜 봄이 왔다는 실감이 난다.

우리 눈은 녹색을 볼 때 가장 편안함을 느낀다. 왜 그럴까? 녹색 빛의 파장이 눈에 안정감을 주기 때문이라는 분석이 있다. 그러나 그런 것은 그냥 직감적으로 알 수 있다. 우리 인류가 눈을 가지고 색깔을 구분하기 시작했을 때 이미 세상은 녹색 식물로 가득했을 것이기 때문이다. 그러한 녹색에 저항해서 뭣 하겠는가? 자연스럽게 받아들여야지.

식물의 줄기와 잎이 녹색인 것은 태양 에너지를 양분으로 바꾸는 엽록소 때문이다. 식물은 엽록소를 가동해 열심히 광합성을 한다. 주로 잎에서 광합성을 하고, 어린 줄기들도 광합성을 한다. 이른 봄에 자라나는 녹색 줄기와 잎을 보면서 초록의 향연에 빠져들어 보자.

숲에서 신갈나무 새 줄기를 만났다.

연초록 생명력이 주변을 압도한다.

2015. 5. 2.

신갈나무

벚나무 뿌리에서 나온 맹아지* 에서 새 가지가 자랐다.
맹아지 부모를 둬서 그런가? 많이도 자랐다.

*맹아지: 주로 큰 나무 뿌리 부분에서 새로 나와 싹이 트는 가지.

2016. 5. 23. 경희궁

목련 새 가지.

초록색을 띠는 부분이 올해 새로 자란 가지이다.

은사시나무도 많이 자랐다.

나무는 겨울눈에서 싹을 내고부터는 하루가 다르게 쑥쑥 자란다.

단풍나무 종류인데 신나무라고 부른다.
신발과 무슨 관련이 있나? 실제로 많은 자연 관련 서적이나 숲 해설가들은
과거 이 나무에 짚신을 꿰어 메고 다녔다고 해서 신나무라고 부른다고 설명한다.
또 다른 책에서 보니 원래 단풍나무를 뜻하던 '싣나무'에서 신나무가 되었단다.

맨 아래에 달린 잎은 단풍잎 같지가 않다.

2016. 5. 6.

꽃 중에서도 이 3개의 성장이 가장 빠르다.
맨 끝에 피어서 그런가?
꽃의 배치는 사철나무와 비슷하다.

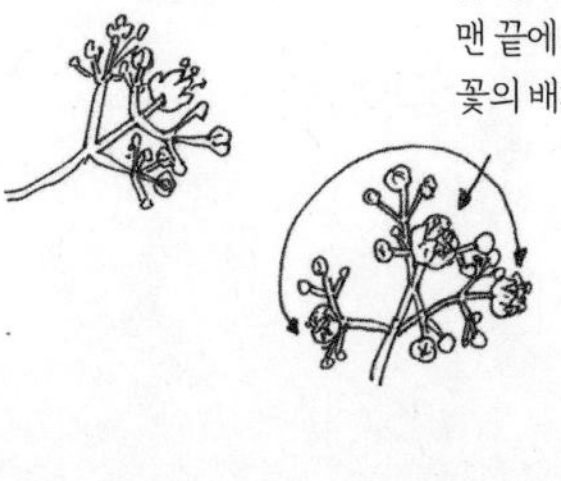

신나무

남산에 올랐다가 다래덩굴을 만났다.
어릴 적 산속 깊숙이에서 자라던 것으로 기억하는데 남산 언저리에도 있다니,
남산이 그만큼 생태적으로 훌륭하다는 뜻일까?
다래덩굴은 가지를 자르면 물이 많이 나온다는데 잘라볼 수는 없었다.
어린 가지는 조금 나오겠지?

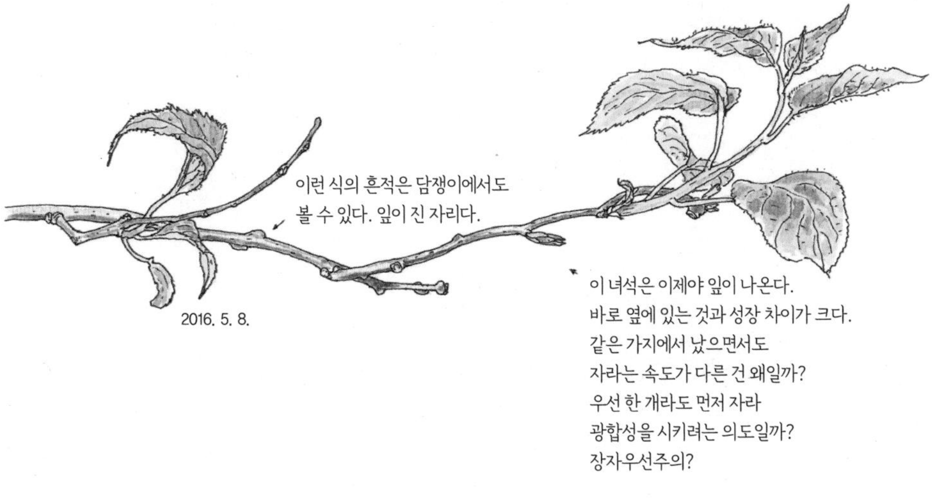

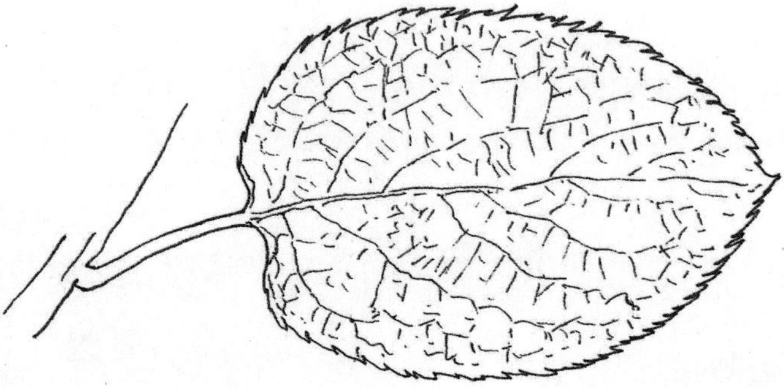

다래덩굴 잎

제법 큰 잎이 되었다. 본연의 역할인 광합성을 잘 수행해 나갈 것이다.
거기에 필요한 여러 가능을 위해 잎 모양이 만들어졌다.
햇빛, 온도, 바람, 물과 양분의 이동, 곤충의 공격 등을 다 고려해야 한다.
나무들은 저마다 자기가 사는 환경에 최적화된 잎을 갖고 있다.

나뭇잎을 그리면서 알 수 있는 것들

잎은 식물의 가장 근본적인 에너지 축적 활동인 광합성을 할 목적으로 만들어졌다. 광합성에 필요한 물을 날라주고, 만들어진 양분을 다시 옮기는 역할을 위해 잎맥이 있다. 잎맥은 물길이자 양분이 지나 다니는 통로이다.

우리 혈관이 동맥 혹은 정맥처럼 큰 혈관만이 아니라 모세혈관도 가지고 있듯이 잎에도 주맥과 측맥 외에 세맥도 있다. 그림을 그릴 때 그것을 다 표현하려면 아주 어렵다. 그래서 주로 주맥과 측맥까지만 그리고 세맥은 간단하게 그린다. 펜의 굵기에 한계가 있기 때문이다. 섬세한 세맥을 펜으로 일일이 그리기는 어렵다.

가느다란 잎맥을 그릴 때는 손에 힘을 최대한 빼고 펜이 종이에 닿을락 말락 그려야 부드럽게 표현된다. 그렇다고 잎은 안 보고 종이만 보면서 너무 패턴을 따라 그리다 보면 금세 어색해진다.

나뭇잎은 가장자리가 톱니 모양인 경우가 많다. 정확한 이유는 잘 모르겠지만, 잎자루에 잎이 한 개씩 달린 홑잎(단엽)보다는 작은 잎이 여러 장 달린 겹잎(복엽) 식물의 경우 공기에 닿는 면적이 더 넓어 열 교환에 유리하다는 얘기를 들었다. 잎이 갈라졌거나 가장자리에 톱니가 있는 것도 그와 비슷한 원리가 아닐까? 가장자리 총 길이를 늘여 공기에 닿는 면적을 더 넓게 만드는 효과가 있지 않을까?

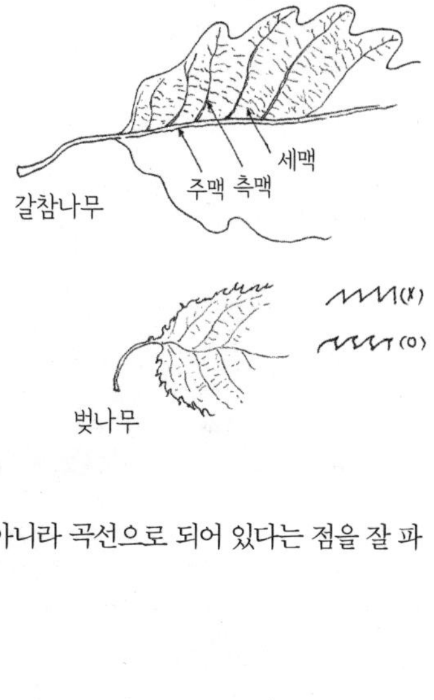

잎맥을 그리다 보면 측맥의 끝이 그 톱니를 향할 때가 많다. 톱니 모양도 조금씩 다른데, 끝이 직선이 아니라 곡선으로 되어 있다는 점을 잘 파악해야 한다.

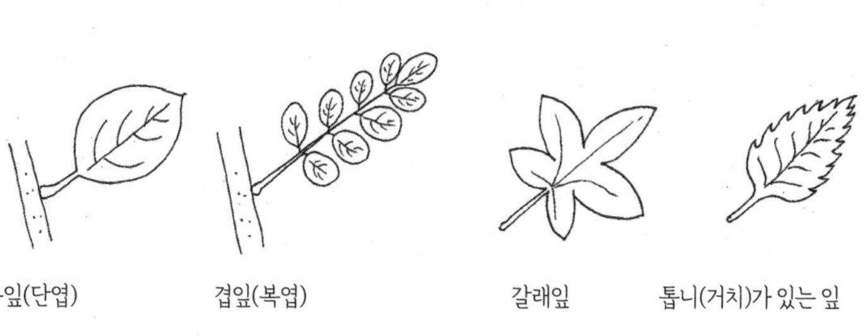

양버즘나무 맹아지에서 자란 잎.

한 나무에 달린 잎들을 살펴보면 잎마다 모양이 조금씩 다르다.

특히 정상적인 가지에서 자란 잎과 맹아지에서 자란 잎의 모양이 크게 다르다.

내 경험으로는 팥배나무, 은행나무도 그랬다. 그런데 왜 그러는 걸까?

혹시 맹아지가 과거의 모습을 더 많이 간직하고 있는 것은 아닐까?

정상적인 가지에서
나온 잎

맹아지에서 나온 잎

양버즘나무

은행나무 한 그루를 관찰하는데 잎이 세 가지나 된다. 새 가지(장지)에서 난 잎은 가운데가 살짝 갈라졌고, 짧은 가지(단지)에서 난 잎은 갈라진 데 없이 매끈하다. 나무 밑동의 맹아지에서 난 잎은 갈라진 데가 더 많았다.

은행나무는 이 세상에 나온 지 정말 오래된 식물이다. 학자들 말에 의하면 이미 3억 년 전에 출현했다고 한다. 그때 죽은 나무가 석탄이 되고도 남았을 시간이다. 예전에 은행나무 화석을 본 적이 있는데 잎이 많이 갈라져 있었다. 혹시 맹아지의 화석이었을까? 아니면 맹아지는 나무의 옛날 모습을 더 많이 간직하고 있는 것일까?

은행나무 맹아지

2009. 6. 4. 집 앞

느티나무 가지와 잎 나는 모습을 그리다가 새로운 사실을 발견했다. 새로 난 잎들을 가만히 들여다보니 아래쪽(끝)으로 갈수록 대칭 잎이다. 느릅나무과에 속한 나무들은 보통 잎이 짝궁둥이처럼 비대칭인 것이 특징인데, 느티나무는 꽃이 피는 가지건 그렇지 않은 가지건 끝으로 갈수록 잎이 점점 대칭에 가까웠다. 그렇게 자주 보고 그려도 새로 알게 되는 사실이 있다. 제대로 아는 게 있기는 할까?

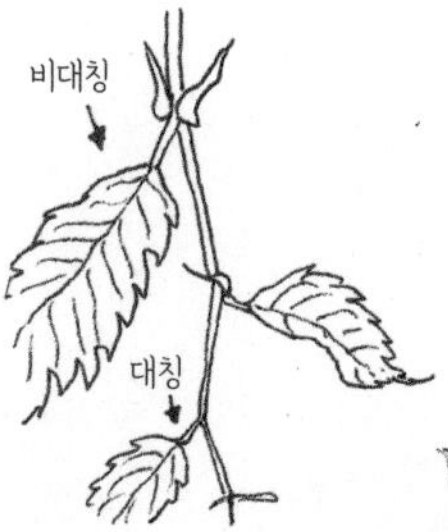

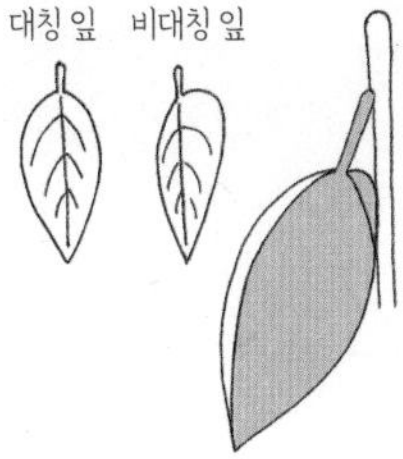

왜 잎이 대칭이 아니고 비대칭일까?
생각해 보았다. 나무에 잎이 크고 많으면 좋겠지만 무조건 크거나 많은 것보다는 효율적인 게 더 좋다. 가지에 둥근 잎들이 붙으면 어쩔 수 없이 빈 공간이 생기게 되는데 그런 공간의 낭비가 적을수록 광합성 효율이 좋을 것이다. 그 때문에 나무들은 한쪽이 더 가늘고 다른 한쪽은 더 볼록한 비대칭 잎을 만들게 된 것이 아닐까?

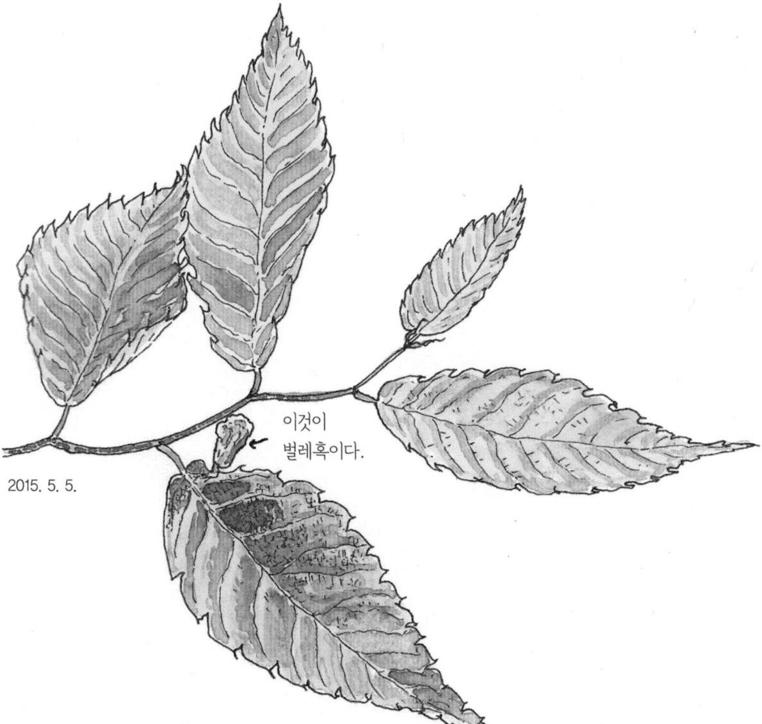

2015. 5. 5.

새로 나온 느티나무 잎에 느티나무외줄면충 벌레혹이 벌써 생겼다.
식물이 한 해를 준비하듯 벌레도 한 해를 준비한다.
모두 다 새로운 출발을 하는 봄이다. 오랜 세월 그래왔을 것이다.

단풍나무 어린잎 끝부분에 붉은 기운이 돈다.
이를 '브론즈 현상'이라고 한다.
봄날에 햇빛이 강해 자외선을 차단하기 위함이라고도 하고,
추울 땐 광합성하기에 녹색 잎보다 붉은 잎이 낫기 때문이라고도 한다.
어느 쪽이 맞는 말인지 모르겠지만 결국 어린잎이 살아가기 위한 전략인 것이다.

실제 크기

진딧물이 붙어있다가 그림을 그리려니 스케치북으로 기어온다.
이 녀석들이 벌써부터 단풍나무 즙을 먹고 있었나 보다.
참 빨리도 낳았다.

큰 거치 안에
작은 거치가
2~3개 있다.

2011. 4. 29. 동네

벌써 잎겨드랑이에 겨울눈이 생겼다.
아마도 잎이 생길 때부터 있었을 것이다.

암꽃 안에 벌써
열매 모양이 생겼다.　곧 이런 모양으로 자랄 것이다.

밤나무순혹벌이 만든 집이다.
어릴 때 이게 열매인 줄 알고
많이 따먹었는데 약간 시고
떫은맛이 났다.
2016. 4. 26.
눈에서 나온 새 가지가
많이 자랐다.
눈껍질은 마주나고
잎은 어긋난다.
신기하다.

밤나무

벚나무는 생장이 좀 빠르다.

꽃도 빨리 피지만, 꽃보다 열매가 성숙하는 게 빠르다.

6월이면 다 익는다. 단풍도 다른 나무에 비해 빨리 든다.

2016. 4. 25.

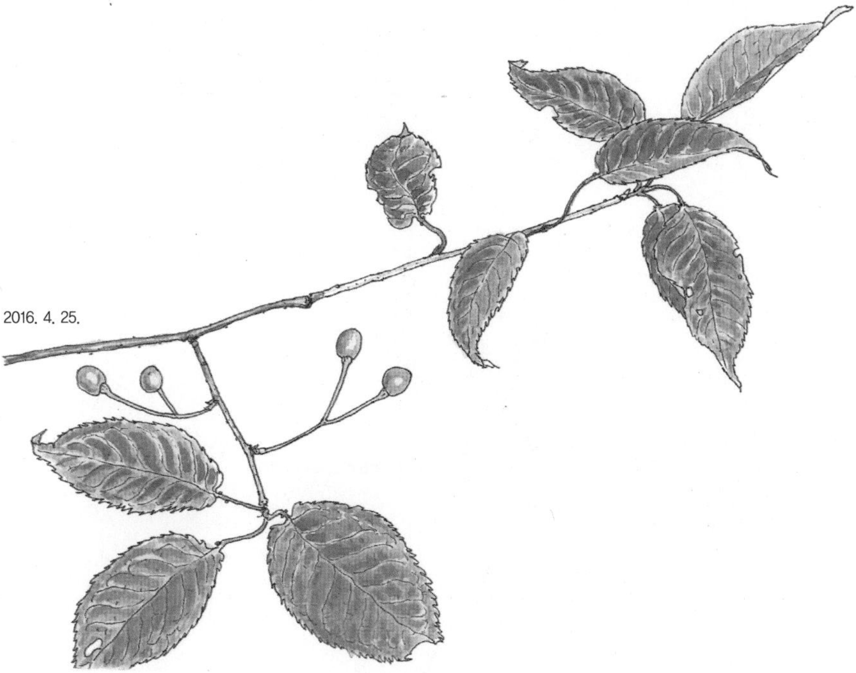

산벚나무

아까시나무에서 꼬물꼬물 새 잎이 자라고 있다.
잎이 침엽수처럼 가늘다가 펼쳐지면서 동그래진다.

아까시나무

나무 중에도 외떡잎식물이 있다?

나무는 주로 쌍떡잎식물이다. 풀은 외떡잎식물도, 쌍떡잎식물도 있지만 나무는 대부분 쌍떡잎식물이다. 그런데 나무 중에 '유이'하게 외떡잎식물이 있다. 바로 청미래덩굴과 청가시덩굴이다. 대나무도 외떡잎식물인데, 아직 나무냐 풀이냐를 정의하기가 쉽지 않다. 대나무를 나무라고 본다면 대나무도 포함된다.

쌍떡잎과 외떡잎은 씨앗에서 새싹이 나오는 모습을 보고 이름 붙인 것이다. 벼나 옥수수는 씨앗 속에 배가 1장이다. 씨앗이 발아할 때 뿌리는 나와서 아래로 향하고 배는 위로 올라가 떡잎이 되는데 그것이 한 장이라서 외떡잎이라고 한다. 명아주나 봉숭아 같은 식물은 떡잎 두 장이 나비 날개처럼 펼쳐지면서 솟아올라 쉽게 구분된다.

떡잎 말고 잎맥으로도 구분할 수 있다. 외떡잎식물은 잎에 주맥이 나란히 난 나란히맥이고 쌍떡잎식물은 그물맥이다. 쌍떡잎식물은 잎자루가 있는 반면 외떡잎식물은 잎집이 있는 것도 차이점이다. 잎집으로 줄기를 감싸며 붙어있다.

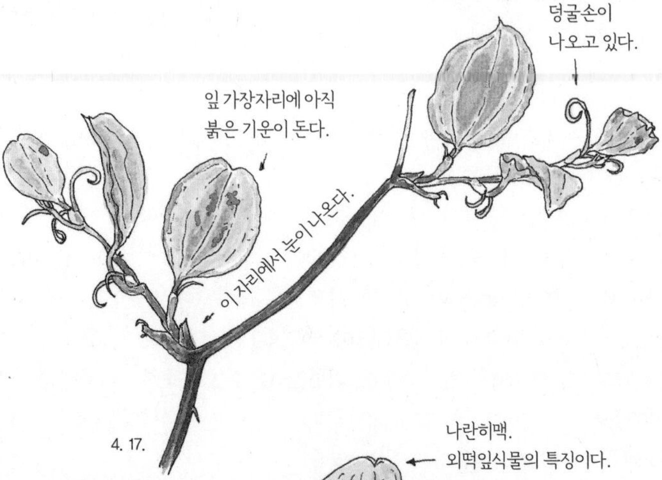
덩굴손이
나오고 있다.
잎 가장자리에 아직
붉은 기운이 돈다.
이 자리에서 눈이 나온다.
4. 17.

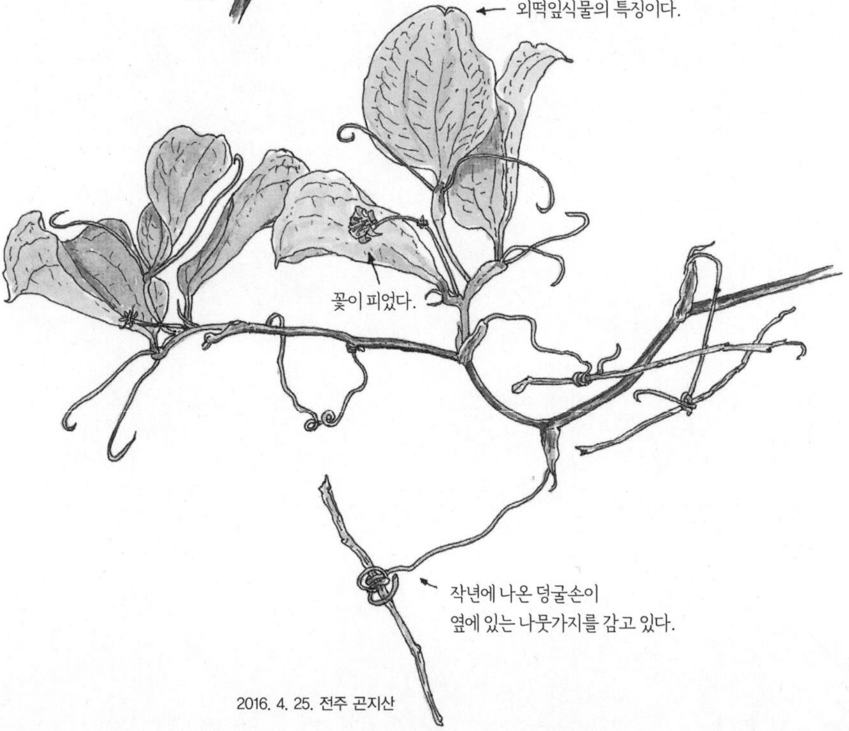
나란히맥.
외떡잎식물의 특징이다.
꽃이 피었다.
작년에 나온 덩굴손이
옆에 있는 나뭇가지를 감고 있다.
2016. 4. 25. 전주 곤지산

청미래덩굴

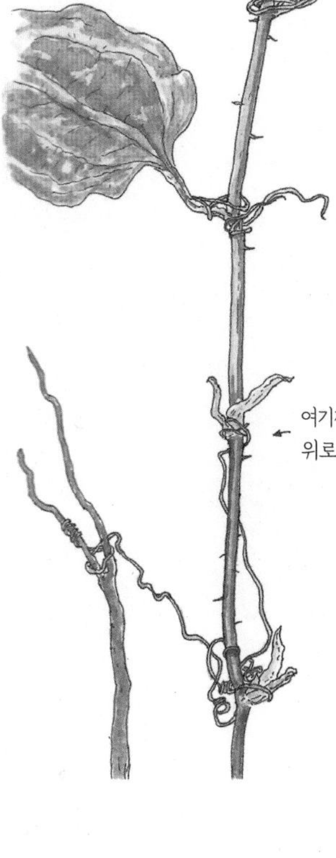
여기까지가 작년 가지이고,
위로 새 가지가 자랐다.

꽃이
피려고
한다.
5. 7.

청가시덩굴 꽃

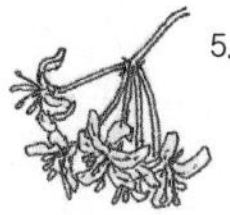
5. 18.

수술만 5개 보인다.
암수딴그루인데 이건 수나무인 셈이다.
꽃잎은 5~6장이 있다.

대나무에 대해 생각해 보았다.
생명체는 자기 종족을 번식시키는 것이 최고 목적일 텐데,
대나무는 꽃과 열매를 만들지 않고 수십 년을 기다렸다가
한꺼번에 꽃을 피우고 열매를 맺고 죽는다.
일단 한 개체가 오래 살고 뿌리로 번식을 해나가니
꽃을 피우지 않아도 되었을 것이다.
그러다 수명이 다한 듯하면 그제야
우르르 꽃을 피우고 열매를 맺는다.

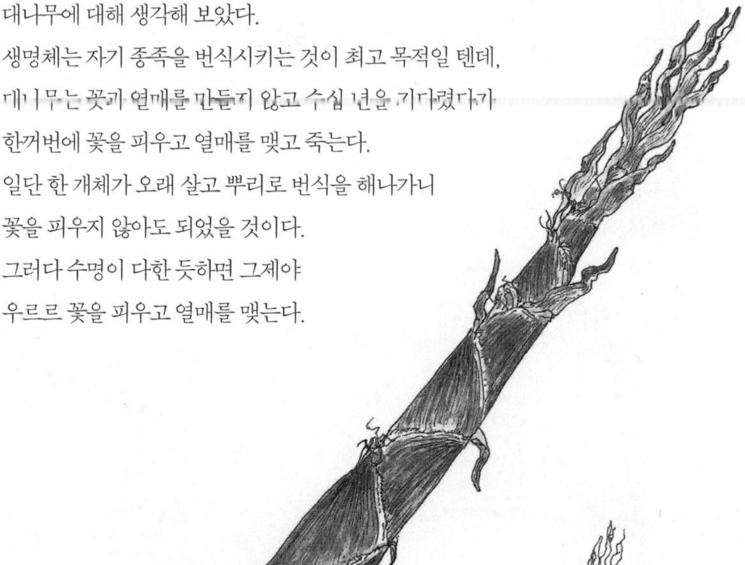

2016. 5. 27.

줄기를 싸고 있는
껍질을 떼어내니
또르르 말린다.
펼치면 아래와 같은
모습이다.

마디 시작점부터 싸고 있다.
마디에서부터 벗기니 잘 벗겨진다.

대나무

대나무 열매는 바람을 타고 멀리 가지 못한다.
그러니 만약에 뿌리 번식을 하지 않았더라면 번식에 문제가 생겼을 것이다.
열매를 최대한 많이 만들어 쥐 같은 동물이 땅에 묻었다가
저절로 뿌리를 내리게 하는 방법도 있다.
하지만 그러려면 매개동물의 숫자가 많아야 하고 열매도 무척 많이 만들어야 한다.
바로 그 때문에 뿌리 번식으로 군집을 이루어 살게 되었는지 모른다.
어쨌든 지금의 방식이 자신에게 맞는다고 생각했을 것이다.
세상에 이유 없는 삶은 없다.

대나무 죽순의 껍질을 다 벗기니 눈이 드러난다.

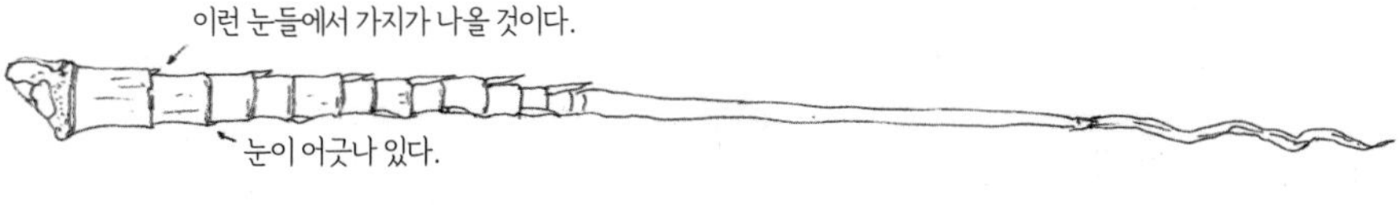

반으로 자른 단면

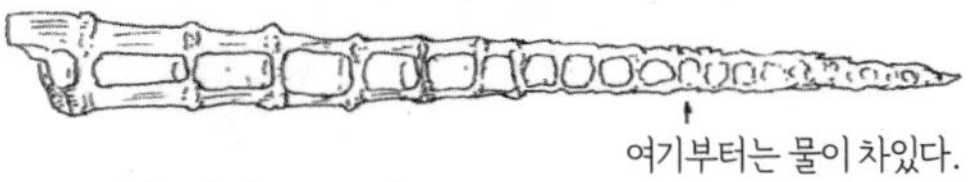

대나무와 같은 구조다.
수분을 먹고 쑥쑥 늘어나서
단단한 대나무가 될 것이다.

어릴 적 시골에서 들일을 마치고 돌아오는 어머니의 보자기를 펼치면
그 안에 찔레순과 칡순이 가득 들어있었다.
따로 간식이 없던 시절이라 형제들끼리 맛나게 나눠 먹은 기억이 생생하다.
풀이 아닌 나무도 잠시 먹을 수 있는 때가 있는데, 바로 봄에 돋아나는 새순이다.
이때가 지나면 점점 목질부가 생기면서 딱딱해져서 못 먹는다.
나무는 여름이 오기 전에 한 해에 자랄 부분이 거의 다 자라버린다.

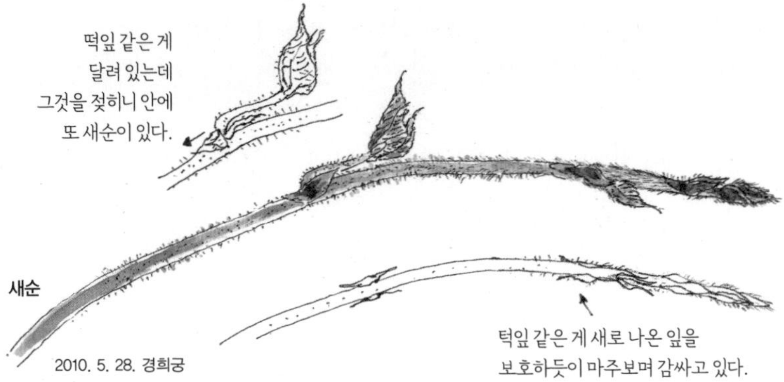

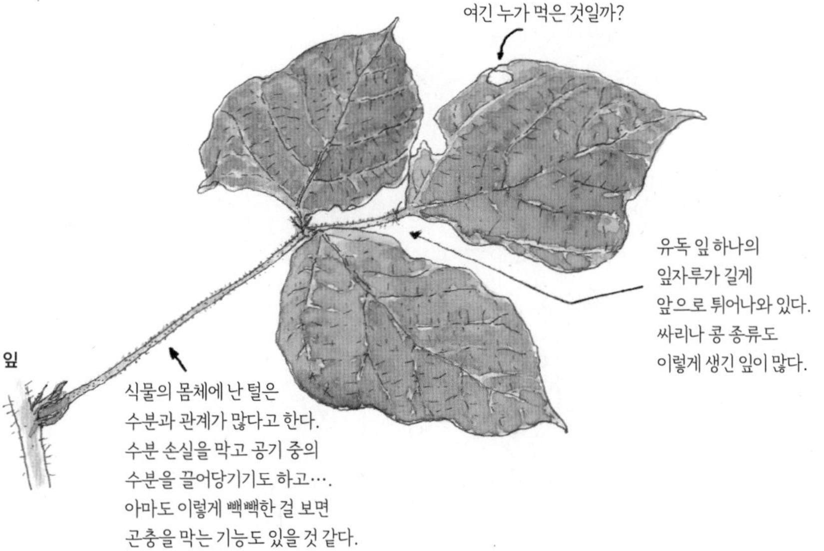

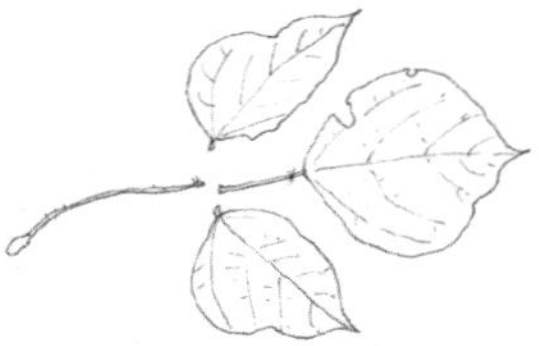

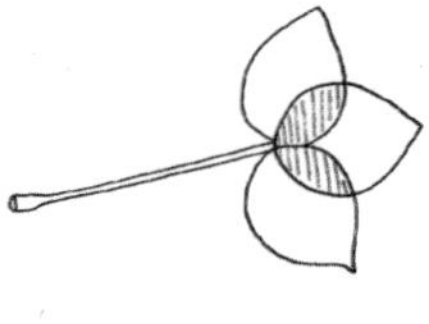

잎몸의 형태도 다르다. 만약 잎 3장이 동일하게 생겼다면 겹치는 면이 생겨 햇빛을 받는 데 손실이 있을 것이다. 이를 최대한 줄이기 위한 잎들의 작전인 셈이다.

찔레꽃 줄기의 껍질을 살짝 벗겨내면 안에 맑은 연둣빛 줄기가 나온다.
풋내가 나긴 하지만 이 시기에 이만한 간식을 찾기 힘들었다.
어릴 때 많이 꺾어 먹었다.
요새 드는 생각은 이것으로 멋진 샐러드를 만들면 좋을 것 같다.
어느 식당에서 메뉴로 개발하면 대박이 나지 않을까?

찔레

턱잎 같은 게
붙어있다.
길이를 재보니
20cm가 넘는다.
한 달에 자란 길이다.
2010. 5. 2.

도시에서 나무 새싹이 자라는 장면을 찾아보자

풀이 새로 자라는 것은 매년 볼 수 있어도 나무가 새로 자라는 모습을 관찰하기란 상상하기 어렵다. 하지만 관심을 갖고 찾아보면 도시에서도 얼마든지 나무 새싹이 자라는 모습을 관찰할 수 있다. 나무들이 가을에 주렁주렁 매달았다 땅에 떨군 그 많은 열매와 씨앗들이 어디선가 몇 개는 반드시 싹을 틔우기 때문이다.

새로 자라는 대왕참나무 잎

대왕참나무 발치에서 새 나무가 자라는 것을 발견했다. 그런데 어릴 때 잎 모양은 그냥 평범한 참나무를 닮았다.

재미난 이야기를 하나 하자면, 손기정 선수가 1936년 베를린 올림픽에서 마라톤 우승을 했을 때 히틀러가 직접 메달과 기념품을 수여했다고 한다. 독일 참나무로 월계관을 만들어 씌워 주고 독일참나무 어린 묘목을 기념품으로 주었다. 이 나무를 가져다 양정고등학교 자리에 심었는데, 자라서 보니 독일참나무가 아니라 미국 원산의 대왕참나무였다. 왜 그랬을까? 아마도 옆의 그림에서 보듯, 어린 나무일 때는 잎 모양으로 종을 구분하기가 어렵기 때문일 것이다.

식물을 분류할 때 어릴 적 모습으로 분류하는 것도 좋을 듯하다. 예전에 과학 시간에 진화론 중에 '발생학'이라는 게 있었다. 동물들의 태아 모습이 초기로 갈수록 닮았다는 것인데, 식물도 어린 나무일수록 비슷한 계통의 다른 나무들과 유사점이 많다.

한편 사람들이 흔히 대왕참나무와 헷갈려하는 것이 루브라참나무다. 이 둘을 구분하려면 잎 모양을 보아야 하는데, 잎에 결각이 아주 깊으면 대왕참나무이고, 결각이 얕으면 루브라참나무다. 대왕참나무 잎은 왕(王)자가 연상될 만큼 중간이 깊이 파였다.

2016. 5. 23.

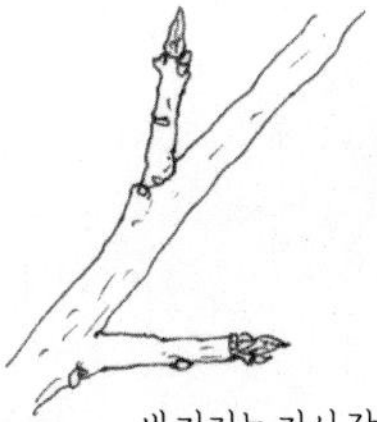

새 가지는 가시 같다.

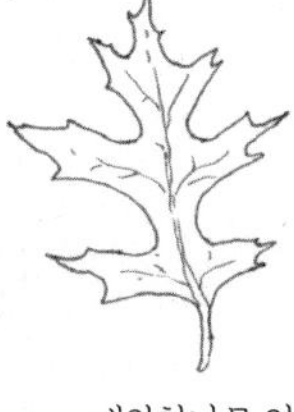

대왕참나무 잎

루브라참나무 잎

청강대학교 교정에서 도토리가 싹을 틔웠다.
청강대학교에는 참나무가 많다. 특히 굴참나무와 신갈나무가 많다.
야생에서는 동물들이 주워 먹고 사람들이 주워 가서 도토리를 보기가 더 귀한데,
청강대에서는 이처럼 새싹을 틔우는 도토리를 곧잘 찾아볼 수 있다.
인간의 무관심이 참나무를 더 잘 자라게 한다고 할까?

땅에 떨어진 도토리가 스스로 뿌리를 내리며 자라고 있다. 도토리가 반으로 쪼개졌다가 껍질이 완전히 벌어지고, 쪼개진 부분이 떡잎에 양분을 제공하면서 자란다. 결국 도토리가 떡잎이었던 셈이다.

2015. 3.

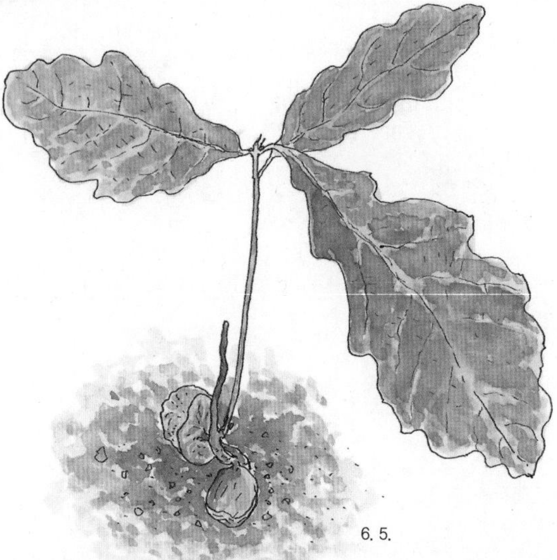

6. 5.

서울 집에서 방 안에 키우던 화분을 전주 집으로 옮겼다.
밖에 내놓고 있자니 어느 날 화분 가득히 새싹이 돋아났다.
같은 것이 많이 퍼졌는데 누군지 알 수가 없다.
그러다가 내가 재작년에 시골집에서 갖고 온 앵두를 먹고
씨앗을 화분에 뱉었던 것이 생각났다.
앵두가 싹을 낸 걸까? 그것도 한 해 걸러 2년 만에?
해가 잘 드는 곳에 놔두니 이제 나올 때가 되었다고 생각한 걸까? 정말 신기하다.

2016. 3. 8.

8. 16.

화분에 돋아난 싹을 마당에 심었더니 어느새 훌쩍 자랐다. 키가 거의 1미터나 된다. 앵두라고 생각했는데 잎이 자라는 모양을 보니 아닌 것 같다. 어린 나무라 다른 모양일 수도 있겠지. 더 기다려보자. 그나저나 식물은 정말 빨리 큰다. 대단하다.

제 6 부

꽃의 계절을 수놓는 나무꽃들

노린재나무

나무 꽃도 화려하다

우리는 흔히 식물을 아울러 말할 때 '꽃과 나무'라고 한다. 풀과 나무라 하지 않고 왜 그렇게 부를까? 풀은 몸집이 작은 데 비해 꽃이 화려해 줄기나 잎보다 꽃만 도드라져 보이니 그렇게 부르는 것 같다. 하지만 그 숫자나 화려함에서는 나무 꽃도 결코 지지 않는다.

오히려 나무는 체격이 크고 곤충들이 높이 날아가 꿀을 따야 하기 때문에 꽃을 더욱 매력적으로 만들어야 한다. 주변의 다른 나무들에게 기회를 빼앗기지 않으려면 더 화려함으로 경쟁할 수밖에 없다. 물론 체격이 큰 만큼 꽃도 무척 많아 곤충이 전혀 오지 않을 리는 없겠지만 말이다.

봄이 무르익어 가는 5월 즈음에는 한껏 당당해진 모습으로 매력을 뽐내는 나무 꽃들을 만나러 가자. 벌 나비를 불러 모으기 위한 저마다의 작전을 상상해 보면서 그림을 그리면 더욱 흥미로울 것이다.

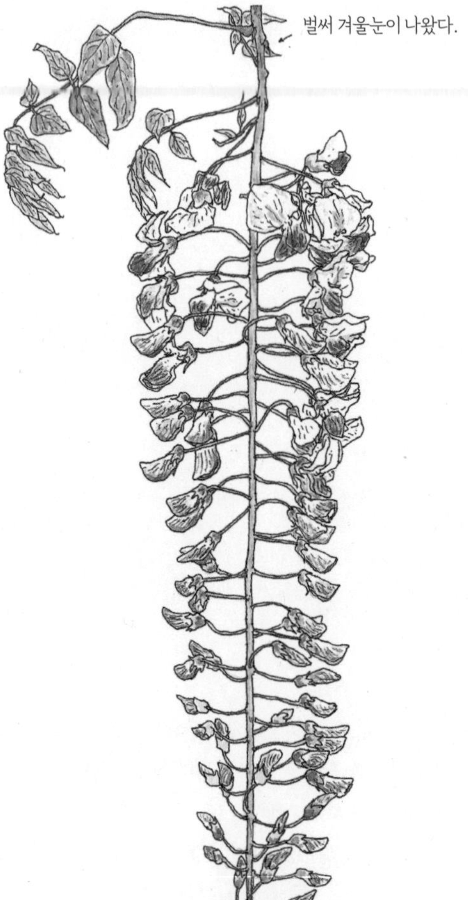

등나무

4월인데 벌써 등나무 꽃이 피기 시작했다.
한 꽃대에서 핀 꽃송이를 세어보니 126개다.
생각보다 많다.

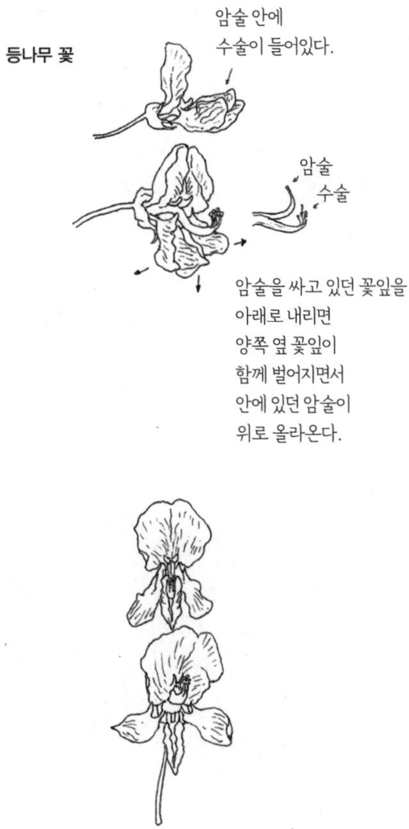

국수나무 겨울눈에서 줄기가 한참 자라 벌써 목질화가 진행되고 있다.
줄기 색깔도 갈색에 가까워지고 있다.

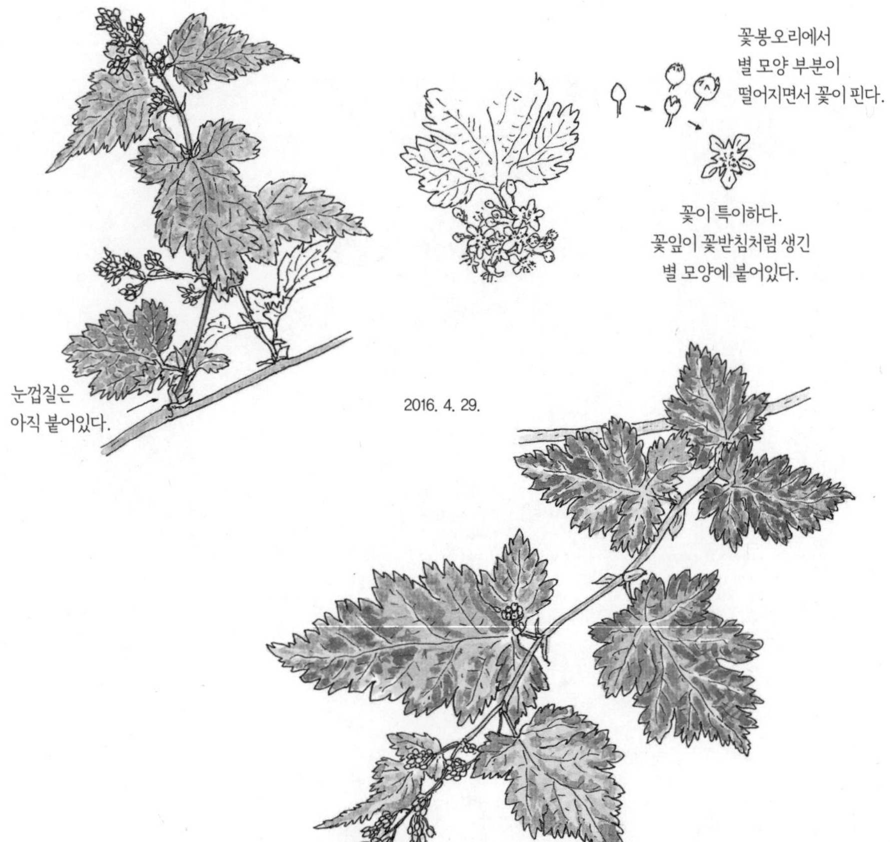

이맘때 숲에 청량감을 주면서 흰 꽃의 깨끗함을 뽐내는 팥배나무.
녹색과 흰색 대비가 깔끔하고 의외로 선명하다.

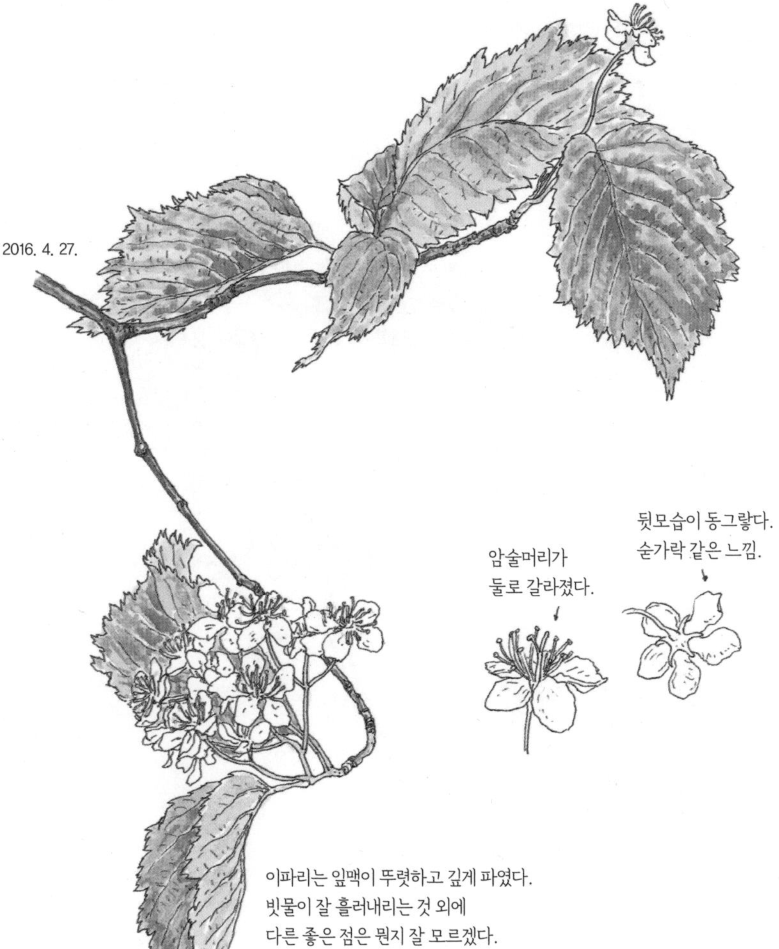

팥배나무

전통 종이를 있게 한 닥나무.
요즘은 다른 방식으로 만든 종이를 많이 사용하지만
옛날에 한지를 만들려면 꼭 닥나무 껍질이 필요했다.
같은 종류라서 그런지 뽕나무와 꽃과 열매 생김새가 비슷하다.
한 나무에서 암꽃과 수꽃이 같이 핀다.

닥나무

예전에는 쌀밥을 '이팝'이라고 했다고 한다.

이팝나무 꽃을 멀리서 보면 정말 흰밥처럼 보인다.

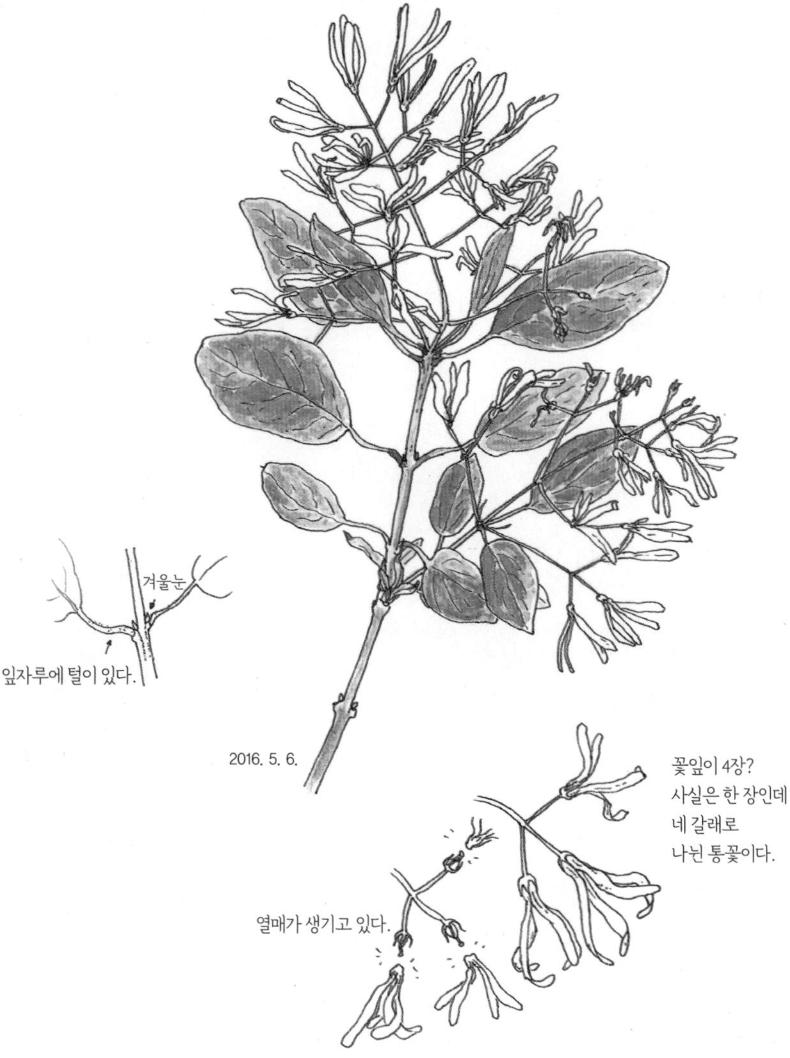

눈껍질이 한 겹씩 벗겨진다.
가죽 같은 질감이다.
갈색 껍질 안에 뽀얀 꽃이
숨어있어서 더욱 신비롭다.

간밤의 비에 떨어진
못 다 핀 꽃송이.

일본목련

언제 봐도 너무나 환상적인 꽃이다.
신목련을 만났을 때와 맞먹는 흥분이 느껴진다.
이런 흥분감 때문에 태초에 인간이
그림을 그리기 시작했을 것이다.

5. 18.

꽃은 식물의 생식기관이다. 즉, 꽃이 있는 이유는 번식을 위해서다. 꽃은 화려한 것, 향기가 좋은 것, 커다란 것 등 다양한 형태를 띠고 있는데 그 목적은 모두 꽃가루받이를 도와줄 곤충들에게 주목받기 위해서다.

꽃은 꿀을 만들어 곤충을 유혹한다. 꿀을 따먹기 위해 날아온 곤충이 온몸에 꽃가루를 묻혀 다른 꽃 암술머리에 날라다주면 목적이 달성된다. 그래서 꿀을 겉에 발라놓지 않고 최대한 안쪽 깊숙한 곳에 꿀샘을 만들어 곤충을 내밀한 곳까지 끌어들인다. 그래서 곤충 몸에 꽃가루를 최대한 많이 묻힌다.

지구상의 동물 중 가장 많은 개체수를 자랑하는 것이 곤충이다. 동물의 약 80퍼센트를 차지한다. 곤충들은 주로 탈바꿈 과정에서 애벌레 시기를 거친다. 애벌레일 때는 주로 식물의 잎을 먹고 자라고, 이후 번데기에서 깨어나 성충이 되면 꿀을 따먹는다. 어쩌면 애벌레 때 식물에 진 빚을 성충이 되어 갚는 셈이다. 식물과 곤충의 이런 공생 관계는 아주 오래전부터 있어왔고 상호간의 진화를 만들어내기도 했다.

물론 모든 식물이 곤충만을 수분의 매개자로 이용하는 것은 아니다. 다른 동물이나 자연환경을 이용하기도 한다. 소나무나 참나무는 주로 바람을 이용해 꽃가루를 멀리 보내고, 물을 이용해 이동시키는 것도 있다. 동백꽃처럼 곤충이 아닌 새를 이용하는 경우도 있으며, 다른 나라에는 박쥐를 이용하는 꽃도 있다고 한다.

꽃과 매개자의 결합은 저마다 생존에 가장 유리한 방식을 선택한 결과이다. 앞으로는 꽃을 볼 때 멋진 형태와 색깔만 구경하지 말고 그 꽃에 찾아오는 매개자(곤충, 새 등)가 누구인지도 시간을 두고 관찰해 보자.

전날 비에 떨어진 아까시나무 꽃 한 송이를 주워 왔다.
집에서 그리려고 하니 꽃 안에서 개미가 나왔다.
아까시 꽃의 달콤한 꿀이 개미에겐 이기기 어려운 유혹이었을 것이다.

2014. 5. 12.

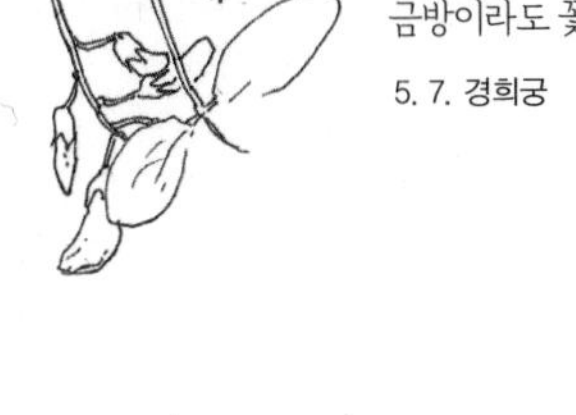

꽃송이가 맺혔다.
금방이라도 꽃이 필 기세다.

5. 7. 경희궁

어느 동네에나 사철나무가 많은데 자세히 들여다보는 사람은 별로 없다. 꽃이 너무 작아서 그런가? 기회가 되면 사철나무 꽃의 암술, 수술의 개수와 위치, 생김새 등을 관찰하고 그려 보라. 사철나무 꽃에는 다른 곤충이 오지 않고 파리가 많이 찾아온다. 벌과 비슷하게 생긴 등에도 온다. 나는 아무리 코를 갖다 대도 별 냄새가 나지 않던데, 사람이 맡지 못하는 미묘한 향기를 파리는 맡고서 오는가 보다. 자세히 보니 꽃 중심에 끈적거리는 액체가 묻어있다. 그게 파리를 부르는 꿀인 것 같다.

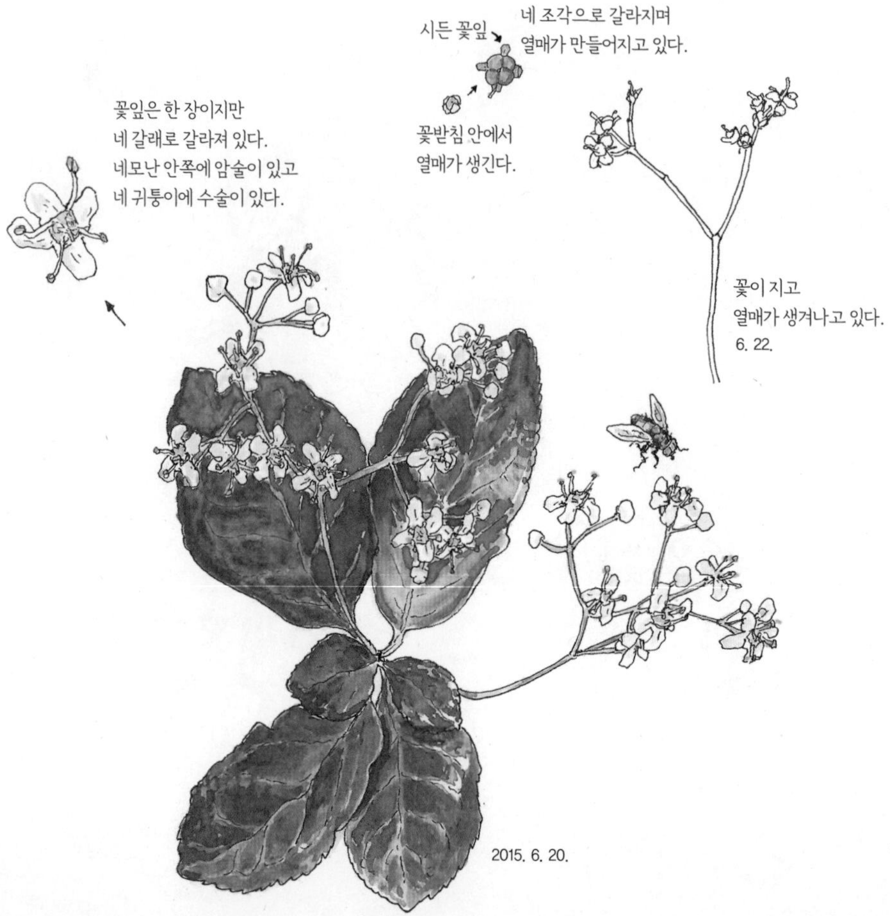

사철나무

때죽나무 꽃이 피었다.

꽃잎은 주로 다섯 갈래로 갈라지고 여섯 갈래도 꽤 있다.

꽃이 아래를 향해 피는 것만으로 나비는 걸러내고 벌만 부르는 효과가 있다고 한다.

언뜻 생각하면 벌과 나비를 다 부르는 편이 유리할 것 같지만

특정한 곤충을 선택해 부르고 그 곤충이 다른 때죽나무 꽃에 다시 날아가도록

유도하는 쪽이 수분 확률을 더 높이는 방법일 수 있다.

어쨌든 때죽나무는 이런 방법으로 수분 성공률을 높인다.

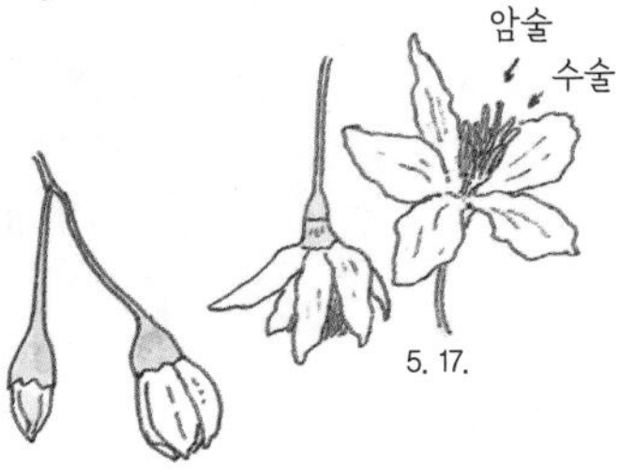

오랜만에 시골집에 갔더니 화단에 모란꽃이 피어나고 있었다.
어릴 때 이 모란꽃 향기를 너무 좋아했다.
마을 어느 텃밭에 잔뜩 심어져 있는 것을 보면서
우리 집에도 모란이 있으면 좋겠다고 늘 생각했는데, 지금은 있다.
어릴 적 작은 소원이 이루어져 모란을 볼 때마다 행복하다.

2010. 5. 8.
시골집

모란

모란꽃이 다 피면 꽤 크다.

아름답기도 하거니와 크기가 웬만한 꽃 중에서 제일 클 것 같다.

그래서 꽃 중의 왕이라고 부르는 것 같다.

동양화에서 모란 꽃은 부귀영화를 상징한다.

물감으로 색을 묘사하기가 어렵다.

햇빛과 함께 만들어낸 빛깔이라 흉내 내기 어렵게 멋지다.

2012. 5. 6.

꽃의 해부도 그리기

보이는 대로 멋지게만 그리고 싶은가? 하지만 그렇게만 그리면 자연관찰 드로잉이라고 할 수 없다. 그런 것은 잘 그리면 그저 '식물 세밀화'가 될 뿐이다.

이 책에서 내가 강조하는 그리기는 세밀화와는 다르다. 세밀함에서는 많이 떨어지고 관찰한 내용을 기록한 글이 많다. 그림도 한 장면만 완성도 있게 그릴 게 아니라 여러 각도와 부위별로 나누어 그리고 어느 부분은 확대해서 그린다. 아니면 아예 자연물을 해부해 놓고 그 구조를 연구하면서 그리기도 한다. 해부의 목적은 물론 식물의 정보를 알아내고 공유하기 위해서다.

꽃과 열매, 줄기 등을 해부해 보면 구조를 쉽게 이해할 수 있다. 그림을 그리고 나서는 그것이 무엇이든 전에 몰랐던 것을 하나 이상은 알게 되는 그리기. 그것이 자연관찰 그리기이다.

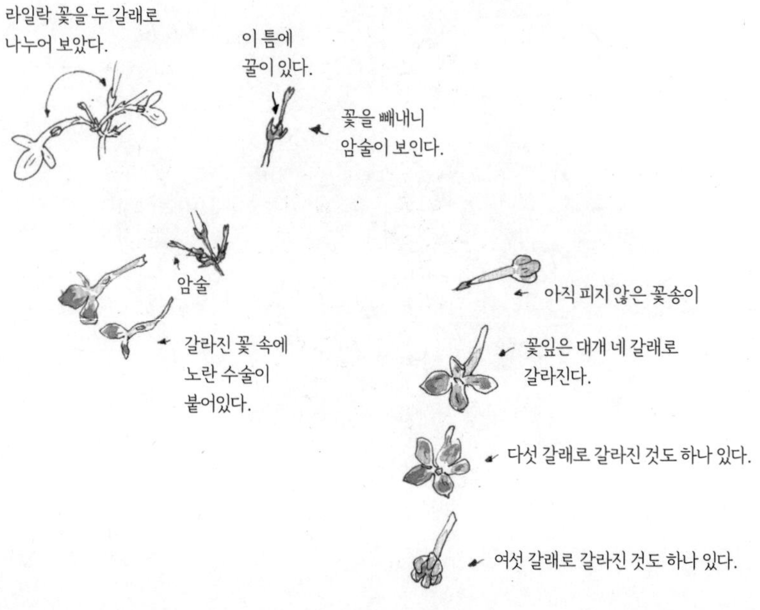

꽃은 작아도 향기가 무척 진한 꽃들이 있다. 라일락이 그렇다.
담장 너머에 라일락이 핀 것을 향기로 먼저 알고는 했다.

2010. 4. 27.
서울애니메이션센터 앞

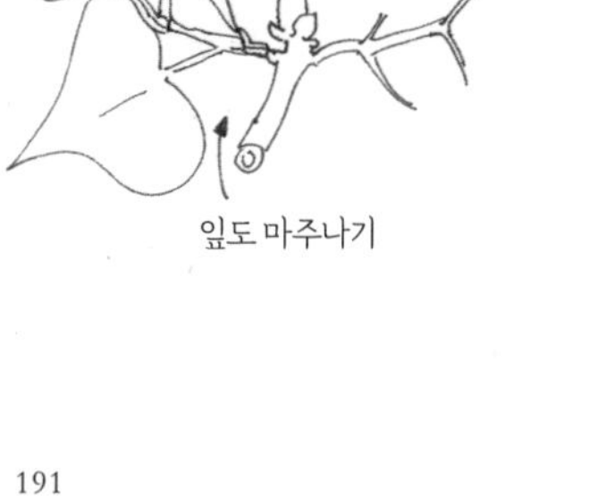

라일락

보리수나무 밑에 떨어진 꽃을 하나 주워 꽃잎을 갈라보았다.
긴 암술이 하나 있고 수술은 꽃잎에 붙어있다.
라일락이나 능소화도 수술이 꽃잎에 붙어있다.
길쭉한 꽃들은 대부분 그런 디자인을 따르는 것 같다.

보리수나무

으름은 암꽃과 수꽃이 한 나무에서 핀다.
바나나 꽃을 본 적이 있는데 아주 비슷하게 생겼다.
꽃이 닮아 그런지 열매도 비슷하다.

2016. 5. 5. 시골집

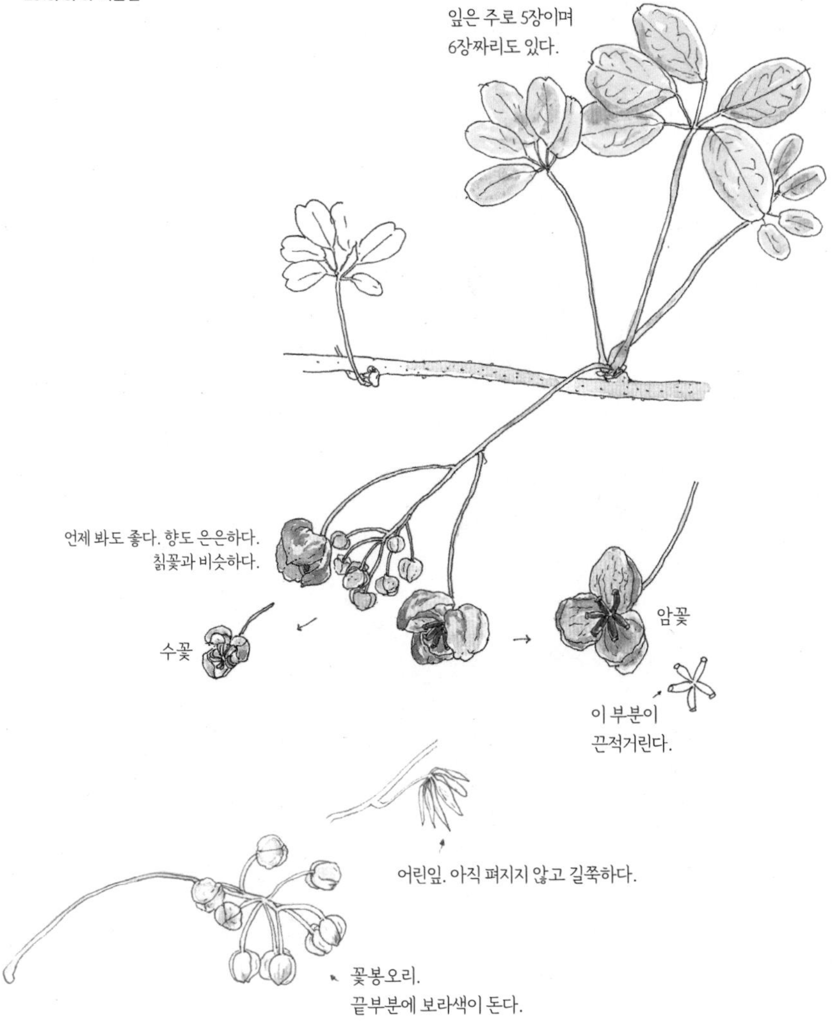

으름덩굴

오동나무 꽃은 여러 송이가 다발로 뭉쳐서 피는 데다 워낙 높은 곳에 있어 그림 그릴 엄두가 나지 않았다. 그러던 어느 날 동네에서 가지치기하는 것을 보고 꽃이 많이 달린 가지를 주워 왔다. 나무 가지치기는 보통 겨울에 하던데, 꽃이 무성하게 핀 5월에 하는 것은 누군가 민원을 넣었기 때문일 것이다.

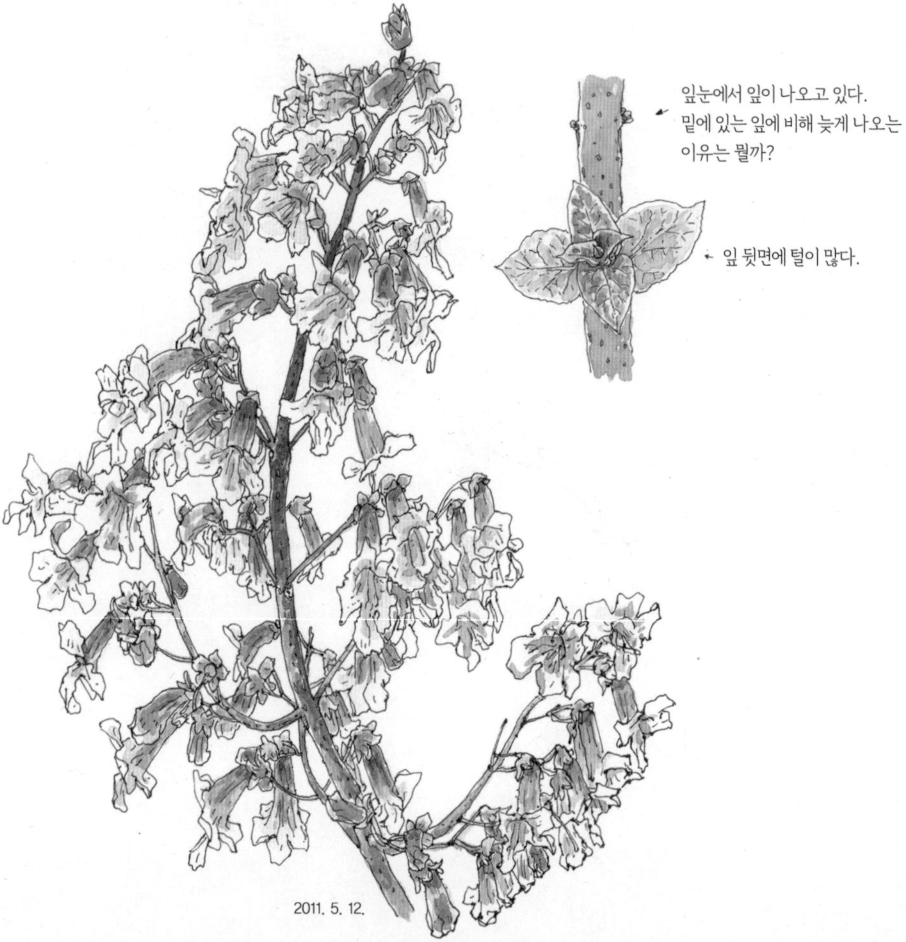

오동나무

집까지 들고 오는데 꽃이 워낙 많이 달려 무겁기까지 했다. 꺾어진 가지 끝에선 역한 냄새가 났다. 어릴 적 시골에서 길게 자란 오동나무 맹아지를 꺾어서 놀면 이 냄새가 났는데, 오동나무가 자신을 보호하기 위해 뿜어내는 것이다. 벌레들에겐 훨씬 강도가 세겠지? 그래서 과수원 근처에 일부러 오동나무를 심어 충해를 막는다는 얘기도 들었다.

오동나무 꽃은 색깔도 은은하고 향도 은은하다. 이 꽃에서 추출한 향기로 향수를 만들어도 되지 않을까, 생각한 적이 있다.

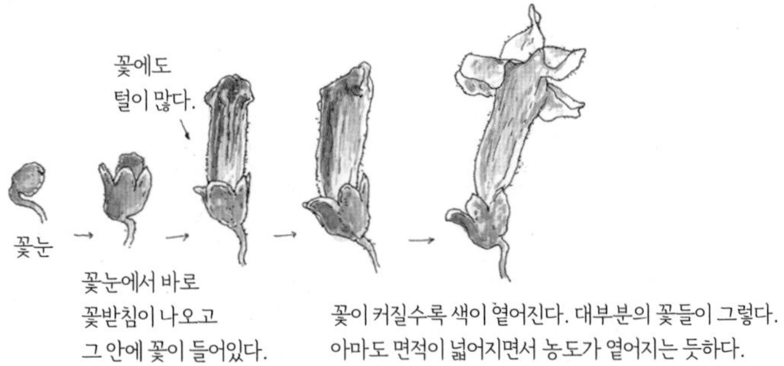

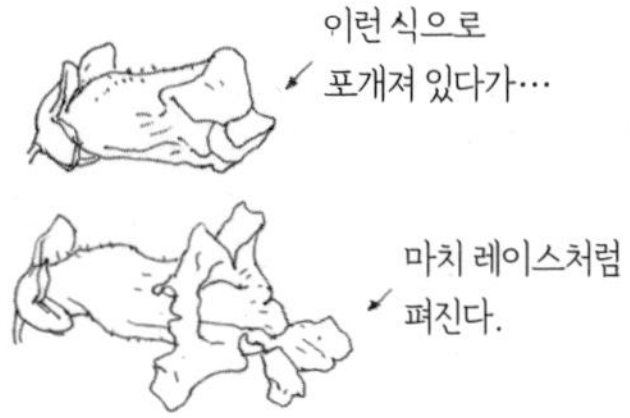

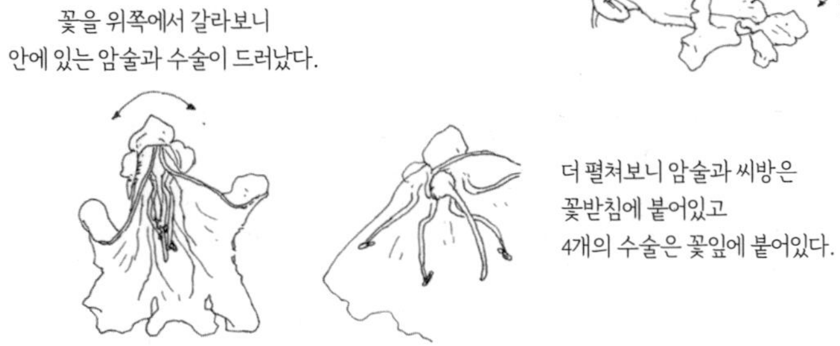

간밤 비에 떨어진 튤립나무 가지와 꽃송이를 주웠다.
가지를 들어 그리고 있자니 나무에서 수술과 꽃잎이 떨어져 내린다.
미처 저 신을 그려줘서 고맙다고 인사를 하는 듯하다.
백합나무라고도 불리는 튤립나무는 꽃이 정말 튤립을 닮았다.
잎도 열매도 조금씩 튤립을 닮았지만 꽃이 가장 많이 닮은 것 같다.

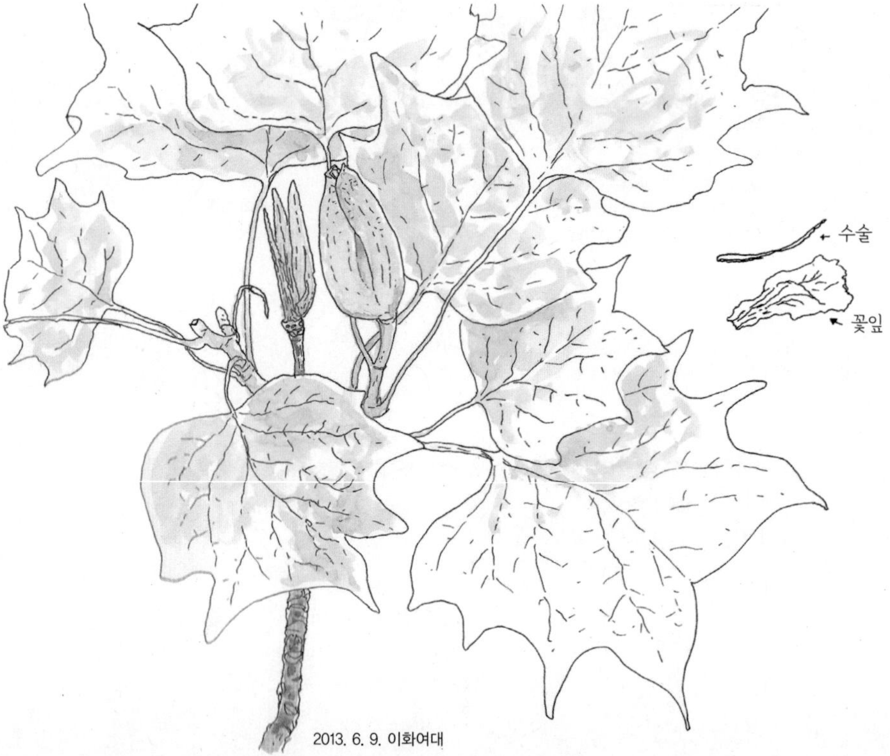

2013. 6. 9. 이화여대

튤립나무

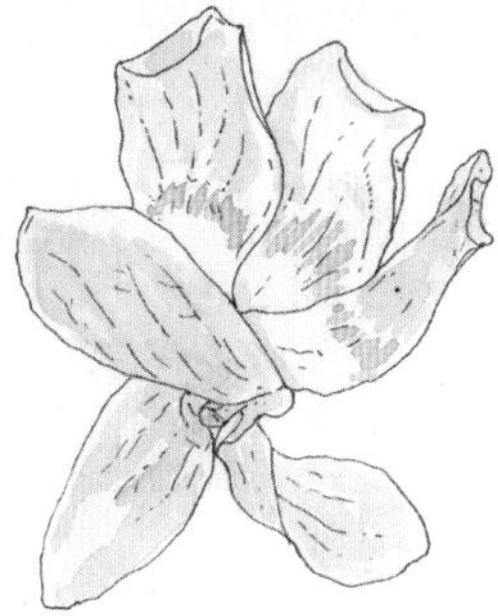

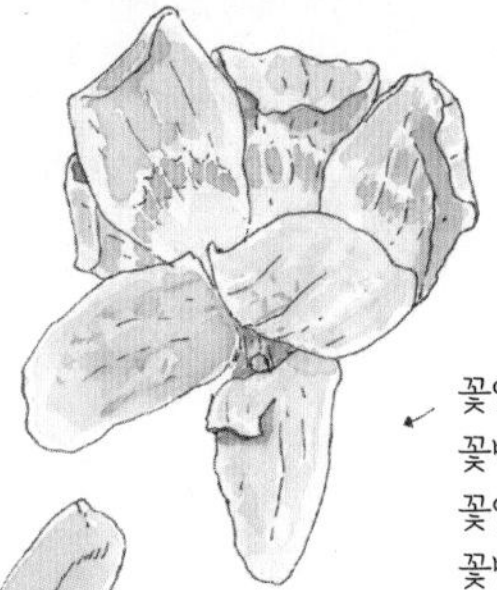

꽃잎 3장이
꽃받침 역할을 한다.
꽃잎도 아니고
꽃받침도 아니고
어중간하다.

목련과가 맞다.
겹쳐진 꽃잎이며 암술과 수술의 모양이
목련꽃과 비슷하다.

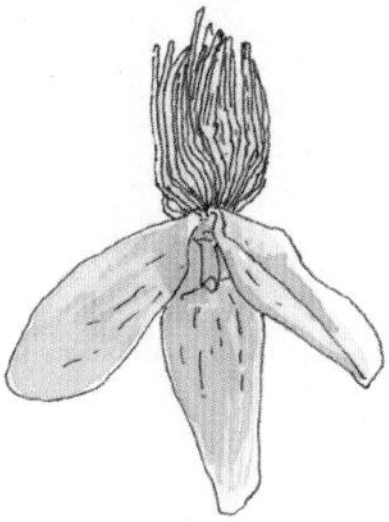

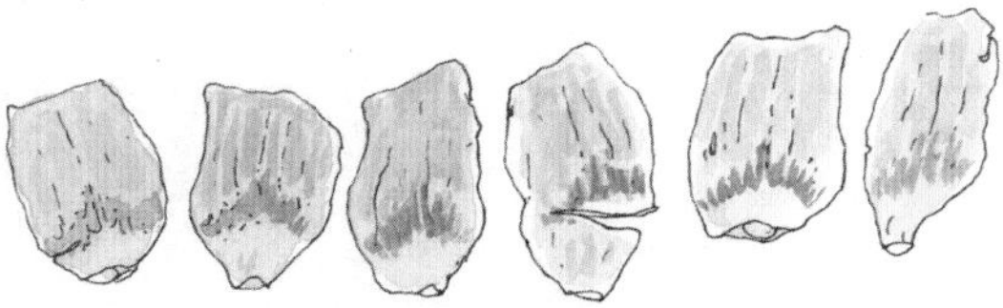

꽃잎 6장에는 안팎으로 주황색 무늬가 있는 게 특징이다. 꽃 색깔이 노란색과
녹색의 결합이라서 잎과 구분이 안 되어 주황색 무늬를 넣은 걸까?

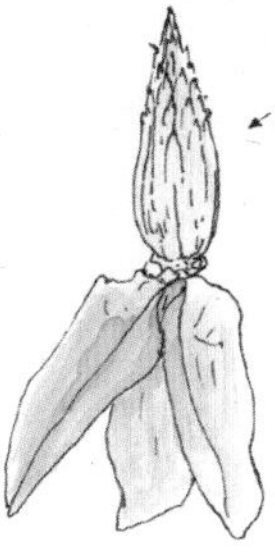

암술이 단단히
붙어있다.
이게 열매가
될 것이다.

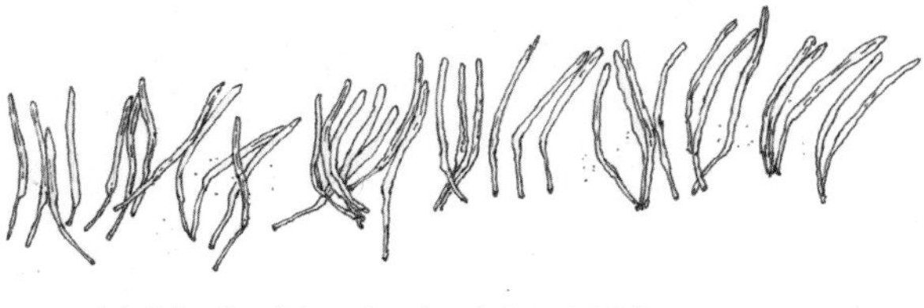

수술을 떼어 세어보니 36개다. 노란 꽃가루가 잔뜩 떨어진다.

소나무 꽃도 암수가 따로 있으며 한 나무에 같이 달린다. 다른 나무들이 자가수분을 막기 위해 암꽃과 수꽃의 개화시기를 서로 다르게 조절하듯 소나무도 그렇다. 먼저 수꽃이 아래쪽에서 노랗게 피고, 수꽃이 생명을 다하면 가지 끝에서 암꽃이 핀다.
봄에 길가나 자동차 위, 고인 물 등 여기저기에 노란 꽃가루가 가득 떨어진 것을 보곤 한다. 참나무 등 바람을 이용해 꽃가루를 옮기는 나무들이 많지만 대부분은 소나무 꽃가루일 것이다.

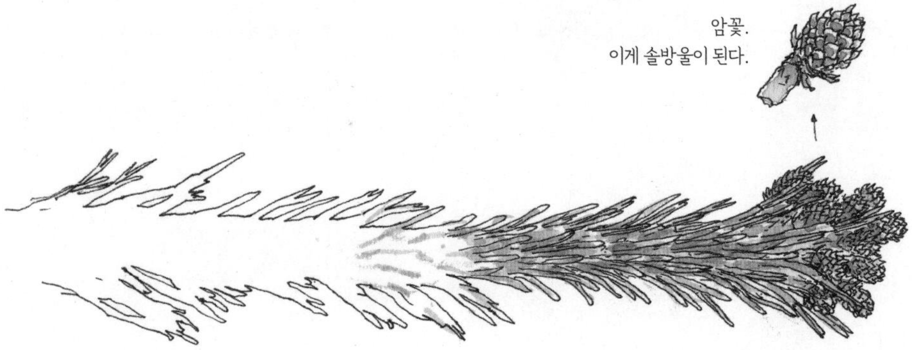

2009. 6. 2. 청강대학교

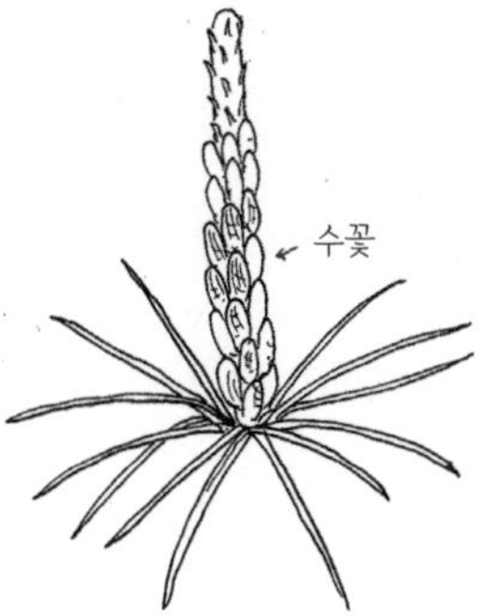

새순이 나오고 얼마 안 있어
바로 노랗게 수꽃이 핀다.

수꽃이 말라갈 때 위쪽으로
새잎이 나고 암꽃도 나온다.

소나무 잎은 2장씩 나선형으로 난다.

잎주머니에서
잎이 막 나오고 있다.

나중에 이렇게 되겠지?

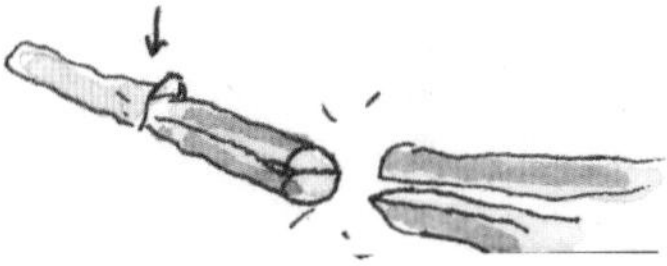

자세히 보니 두 잎을 모으면 단면이 원이 된다. 아, 원 모양을 반으로 갈라서 두 잎이 된 거구나…. 잎이 5개인 잣나무를 관찰하니 그것 역시 원을 5갈래로 나눈 모양이었다. 익숙한 것도 자세히 들여다보면 이렇게 새로운 사실을 발견하게 된다.

칠엽수 꽃은 생김새가 특이하다.
멀리서 보면 촛불 같기도 하고 솜사탕 같기도 하다.
꽃 하나가 작을 때는 이렇게 여럿이 뭉쳐
크게 보이도록 하는 것이 꽃들의 익숙한 전략이다.
나중에 꽃이 진 자리마다 동그란 열매가 주렁주렁 달릴 것이다.
그 안에서 밤처럼 생긴 씨앗이 나올 텐데, 출발은 이렇게 다르게 생겼다.

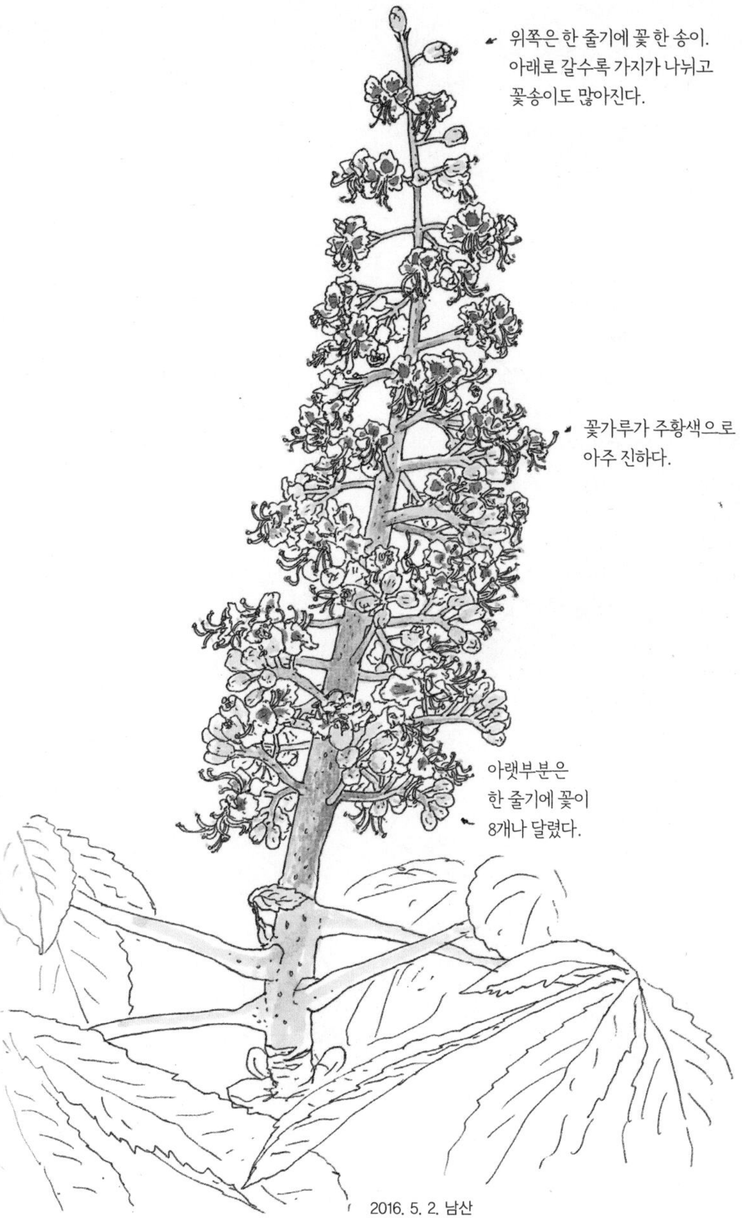
위쪽은 한 줄기에 꽃 한 송이.
아래로 갈수록 가지가 나뉘고
꽃송이도 많아진다.
꽃가루가 주황색으로
아주 진하다.
아랫부분은
한 줄기에 꽃이
8개나 달렸다.
2016. 5. 2. 남산

5월 산에는 산딸기 꽃이 핀다.
이맘때 숲속은 온통 흰 꽃 천지다.
나뭇잎들이 많이 돋아나면서 숲이 어두워지는 시기이니,
곤충들 눈에 잘 띄려면 흰색이 유리할 것이다.

2016. 5. 3.

산딸기

장미의 조상. 모든 장미는 여기서 출발했다. 꽃잎이 5장. 그래서 꽃잎이 5장인 식물은 모두 장미과다(물론, 꽃잎이 다섯 갈래로 갈라진 통꽃과 꽃잎이 5장인 꽃을 구분할 줄 알아야 한다).

[장미과 꽃의 특징]

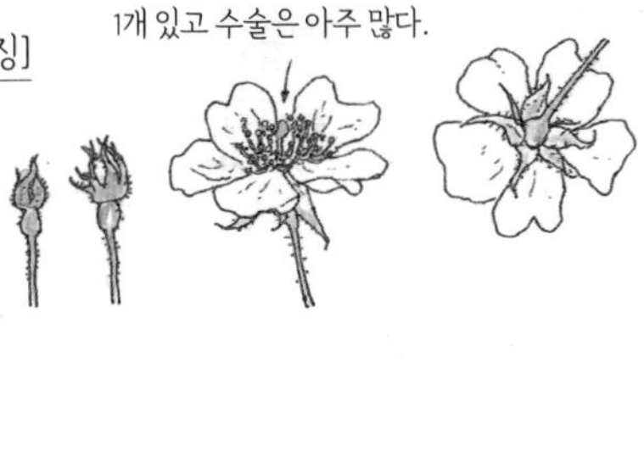

감나무는 암수한그루이기도 하고, 암수딴그루이기도 하다.
암꽃이 벌써 지려는지, 노란색 꽃잎이 갈색으로 변해가고 있다.
감꽃은 초록색 꽃받침 잎이 꽃잎보다 커서 자세히 보지 않으면
꽃이 핀 줄 모르고 지나칠 때가 많다.
수꽃은 암꽃보다 작고 암술이 퇴화한 상태다.
원래는 하나였다가 진화하면서 점차 나뉜 듯하다.

2016. 5. 26.

감나무

벌써 열매가 생기는 것도 있다.
열매에 홈이 파여 있는데,
가만 보니 수술이 났던 흔적이다.

통꽃이라 꽃잎만 쏙 빠진다.
어릴 적에 저 꽃잎들을 모아 끈에 꿰어
목걸이를 만들어 놀기도 했다.
끈에 가득 꿰어 목에 걸고 다니다가
하나씩 따먹곤 했는데,
꽃에서 떫으면서 달콤한 맛이 났다.

제 7 부

정열적인 여름꽃들

능소화

여름꽃의 존재감

보통 꽃이라고 하면 봄에 많이 필 것이라고 생각하지만 사실은 여름에 꽃을 피우는 식물이 더 많다. 이른 봄에 꽃을 피우는 것보다 봄 동안 잘 준비해서 여름에 본격적으로 크고 멋진 꽃을 피우는 전략이 더 유리할 수 있다는 얘기다.

같은 시기에 피는 꽃이 많으면 자연스레 경쟁이 심하다. 질경이는 다른 식물이 가지 않는 나대지에서 자라 동물들에게 밟힘으로써 씨앗을 퍼뜨리는 블루오션을 개척했다. 그와 반대로 여름에 피는 꽃들은 곤충들이 가장 왕성하게 활동하는 계절에 우르르 함께 피어나는 쪽이 더 유리하다고 판단했을 것이다. 말하자면 레드오션 전략이다.

치열한 경쟁에서 승리하려면 꽃을 더욱 크고 화려하게 만들어야 한다. 향기도 더욱 강력해야 한다. 그래서 여름꽃은 정열적인 것이 많다.

참나리는 여름 길가에서 선명한 주홍색으로 시선을 사로잡는다. 여름꽃들이 대체로 진하고 선명한 색을 띠지만 그중에서도 단연 돋보인다. 줄기에 달린 까맣고 동글동글한 것은 씨앗이 아니라 주아*다. 씨앗이 아닌데도 땅에 떨어지면 싹이 나오는 독특한 기관이다. 모든 식물이 주아를 만드는 것은 아니다. 주로 양파나 백합 종류에서 볼 수 있으며 참마에도 주아가 달린다. 번식을 위한 또 다른 대비책이라고 할 수 있다.

*주아: 크기가 작은 2차 비늘줄기. 살눈이라고도 한다.
보통 잎겨드랑이나 꽃 피는 자리에서 난다.

잎겨드랑이에 생긴 주아.
씨앗은 아니지만
이것을 심으면 새 개체가 자란다.
번식력을 높이려는 전략이 분명하다.

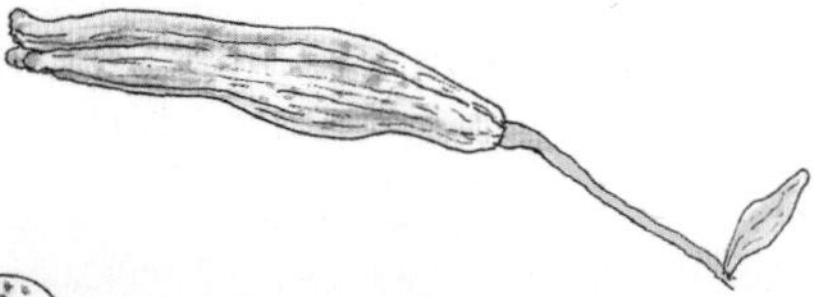

2016. 7. 10. 남산

수술 하나에
꽃잎이 한 장

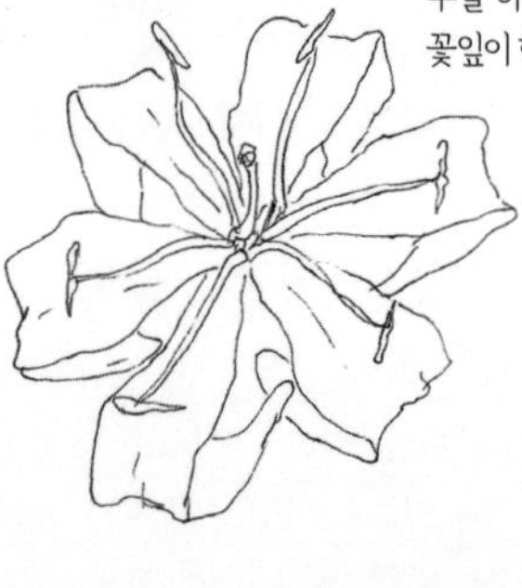

수술의 꽃가루주머니에 진한 갈색 꽃가루가 가득하다.
조금만 건드려도 우수수 떨어진다.
물감 대신으로 써도 될 것 같다.

참마 줄기에 주아가 달려있다. 갈라보니 속이 하얗고, 먹어보니 마 맛과 비슷하다. 주아는 씨앗이 아닌데 씨앗 역할을 한다. 어쩌면 나무의 겨울눈 같은 존재일지 모르겠다.
우리나라에 없지만 맹그로브나무는 새끼를 낳는 것으로 유명하다. 나무줄기에서 자라기 시작한 새 가지가 그대로 물에 떨어져 모래에 박혀 뿌리를 내리고 산다. 어떤 면에서 주아나 겨울눈도 씨앗을 대신하는 존재이니 식물이 친 새끼라고 할 수 있겠다. 주아는 동글동글 하니 알이라고 하는 게 나을까?

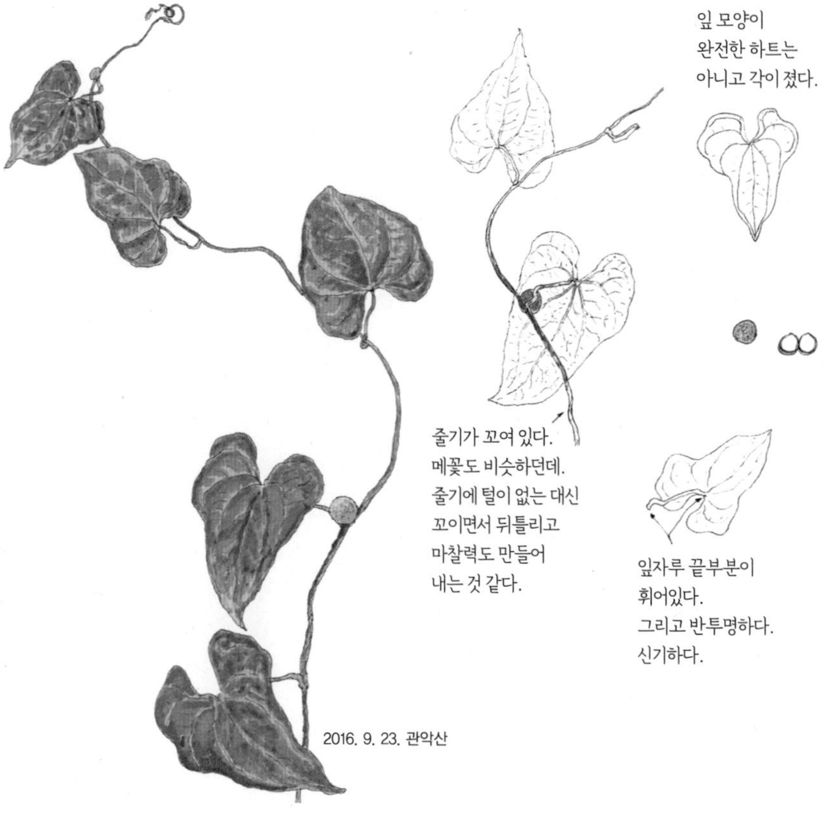

백합과 꽃 구분하기

백합의 백은 흰 백(白)이 아니라 일백 백(百)이다. 뿌리가 여러 겹으로 싸인 알뿌리(구근)라서 그렇게 부른다. 한자로 백합이고 우리말로는 나리다. 나리 종류가 모두 백합인 것이다. 꽃집에서 파는 백합은 나리를 개량한 원예종일 뿐이다.

나리도 여러 종류가 있다. 주변에서 흔히 볼 수 없는 귀한 꽃도 많지만 여기서는 주변에서 흔히 찾아볼 수 있는 것들만 비교해 보자.

일단 원추리와 나리과를 구분하는 게 먼저다.

1. 꽃이 조금 다르다. 원추리는 두 가지 형태의 꽃잎이 교차하며 3장씩 나있고, 나리는 꽃잎 모양이 다 같다.
2. 꽃이 달린 꽃대에서 잎이 나면 나리이고, 잎이 바닥에 달린 채 꽃대만 길쭉하면 원추리다.
3. 수술 모양도 좀 다르다. 나리과 꽃들은 수술이 주로 암술 주변에 둘러져 있는 반면 원추리는 수술들이 모두 위를 향한다.

이제 나리과를 구분하자.

땅나리는 꽃이 땅을 보고 있고, 솔나리는 잎이 솔잎처럼 가늘게 생겨서 솔나리다. 꽃이 위를 보는 것은 하늘나리이고, 하늘을 보면서 꽃잎이 뒤로 많이 말린 것은 하늘말나리이다. 그밖에도 여러 가지가 있지만 이 정도만 구분할 줄 알아도 좋다.

참나리 알뿌리(구근).
양파처럼 겹겹이다.

원추리 꽃

참나리 꽃

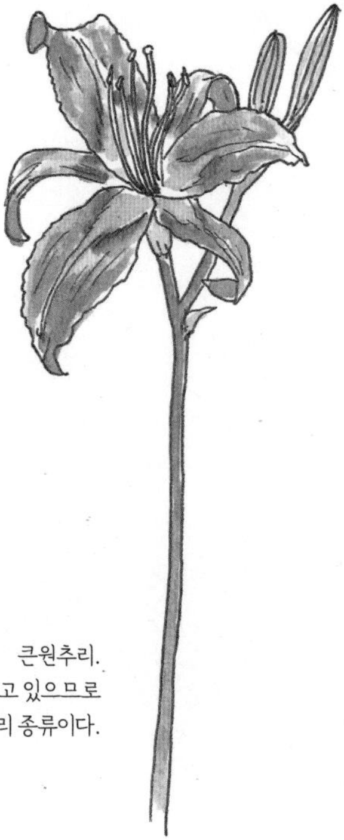

큰원추리.
원추리의 특징을 그대로 가지고 있으므로
나리가 아니라 원추리 종류이다.

원추리 꽃. 참나리보다 이른 여름에 노란색으로 핀다.
봄에 나오는 원추리 새싹도 존재감이 남다르다.
나무에 새싹이 돋을 무렵 숲 가장자리를 살피면
비죽비죽 연초록 싹이 돋아난 것이 눈에 도드라질 것이다.

꽃봉오리가 차츰 자라면서
꽃잎이 펴진다.

2016. 6. 10.
경희궁

원추리 새싹.
때를 알고 쑥 올라온다.
3. 22.

뭔가 중심이 있는데
그걸 모르고 그리려니
구불구불하게 그려졌다.

원추리

경희궁에서 그리기 수업을 했다. 수강생들이 비비추를 그린다.
수강생들이 돌아가고 혼자 남아서 나도 비비추를 그려보았다.
늘 바빠서 꽃과 열매 일부분만 그리다가 전체적으로 그리니 기분이 좋다.
비비추를 옥잠화와 헷갈려 하는 사람들이 많은데 잎이 훨씬 작고 꽃 색깔도 보라색이다.

슬슬 꽃이 피려고 한다.

2016. 7. 9.

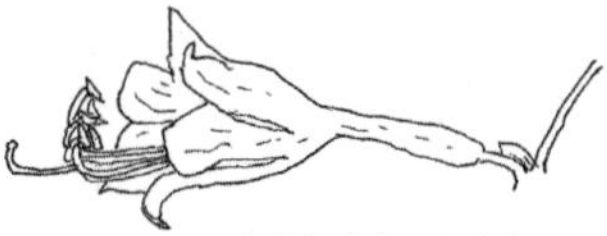

꽃이 피면 이런 모습이다.

메꽃은 주택가나 들판에서 잘 자란다.
나팔꽃과 비슷한데 나팔꽃은 다른 나라에서 온 것이고 메꽃은 토종이다.
토종과 외래종을 구분하는 것을 별로 좋아하지 않지만,
신기하게도 토종식물을 보면 더 정감이 가는 것이 사실이다.
오랜 시간 이 땅에 같이 살아온 힘일까?

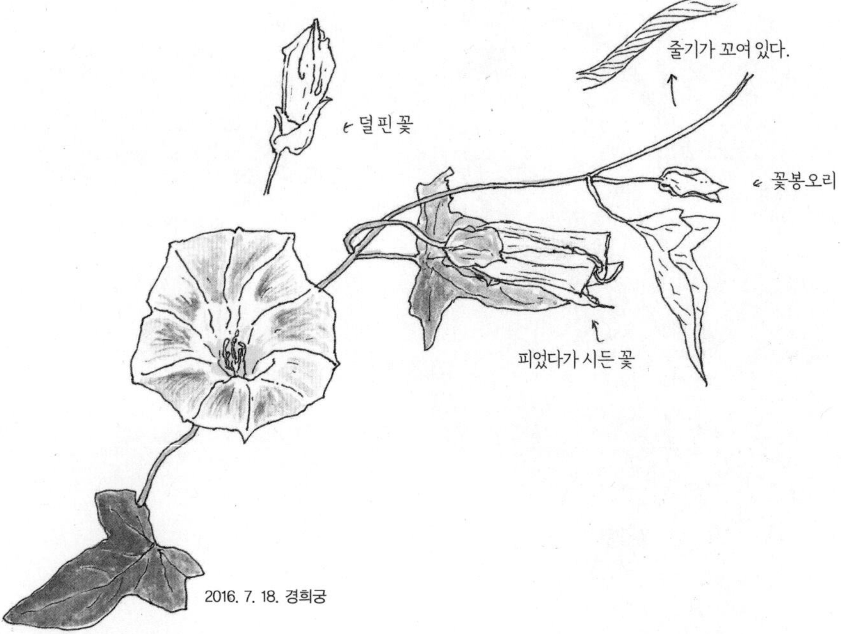

메꽃

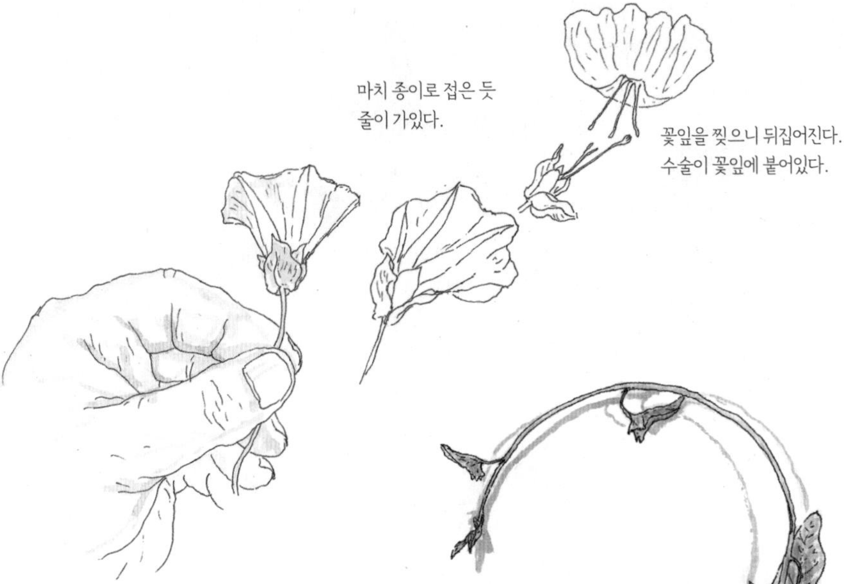

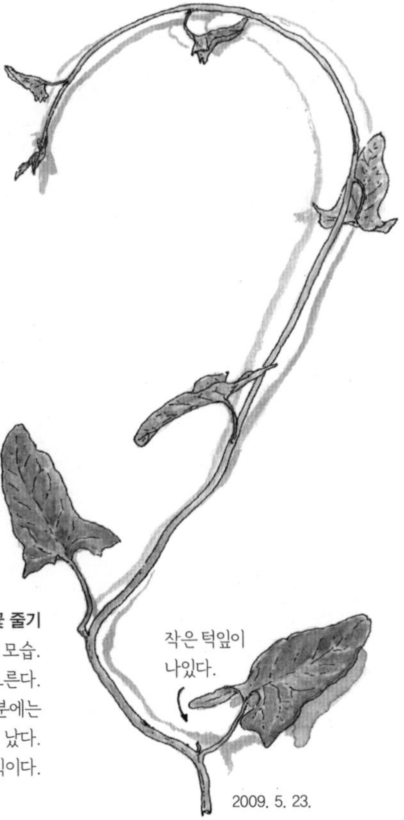

메꽃 줄기
길가 화단에 난 모습.
돌아가면서 다른 식물체를 감고 오른다.
가만히 살펴보니 다른 식물과 닿는 부분에는
잎이 나지 않고 바깥쪽으로만 잎이 났다.
매우 전략적인 잎나기 방식이다.

우리나라 꽃, 무궁화.
2016. 7. 12. 경희궁

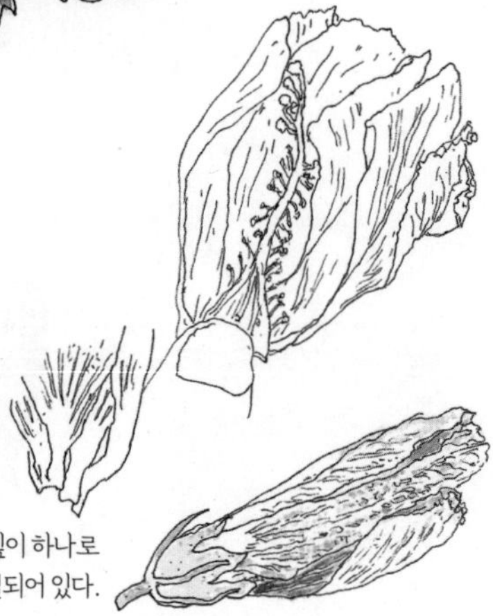

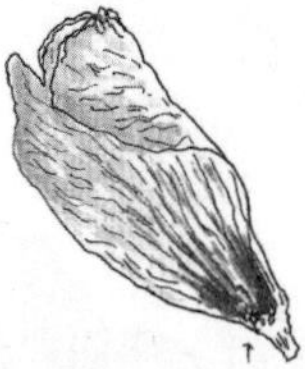

꽃잎이 하나로
연결되어 있다.

안쪽에 꽃가루가 묻어있다.

꽃받침 아래에
또 가느다란 꽃받침 같은 것이 있다.

무궁화

지금은 연둣빛이 돈다.

아래쪽에 분홍빛이
돌기 시작한다.

무궁화 꽃봉오리

우리나라 국기봉 디자인이 무궁화 열매가 아닌
꽃봉오리를 보고 만든 거라고 한다.
생긴 건 거의 비슷하다.

꽃가루가 가득하다.

암술머리도 5갈래로
갈라져 있다.

뒷받침도 5갈래로
갈라졌다.

꽃받침 아래에 달린 가느다란 꽃받침. 8개나 된다. 이건 왜 있는 걸까?
꽃받침 개수 5와 그 아래 꽃받침 개수 8. 우연히도 피보나치수열* 에
나오는 숫자다. 연관이 있는 걸까?

* 피보나치수열: 자연 구조에서 자주 발견되는 흥미로운 수열로, 1202년 피보나치라고 불리는 이탈리아 수학자에 의해 발견되었다.

배롱나무를 백일홍나무라고도 한다.
중국어로는 자미(紫薇)라고 쓰는데
흰 꽃보다 붉은 꽃이 흔해서 그렇게 부른 듯하다.
내가 어릴 때 동네에선 간지럼나무라고 불렀다.
배롱나무는 나무껍질이 잘 벗겨지고 줄기 표면이 만질만질한 것이 특징인데,
그 부드러운 줄기를 손으로 간질이면 가지 끝이 간지럼을 탄다는 것이었다.
사실 어느 나무나 줄기를 간질이면 가지 끝이 움직인다.
다만 이 나무를 제외하고는 간질여볼 생각을 안 했을 것이다.
배롱나무는 따뜻한 곳에서 잘 자라며,
우리나라 남부지방에 가면 가로수로 쓰기도 한다.
실제로 꽃이 100일을 가나 싶어 동네 다닐 때마다 살펴보았는데
거의 석 달째 꽃이 보였다.
물론 한 송이가 그렇게 오래 피는 것이 아니라
한 나무에서 꽃을 그만큼 오래 볼 수 있다는 얘기다.

2016. 9. 4. 남산

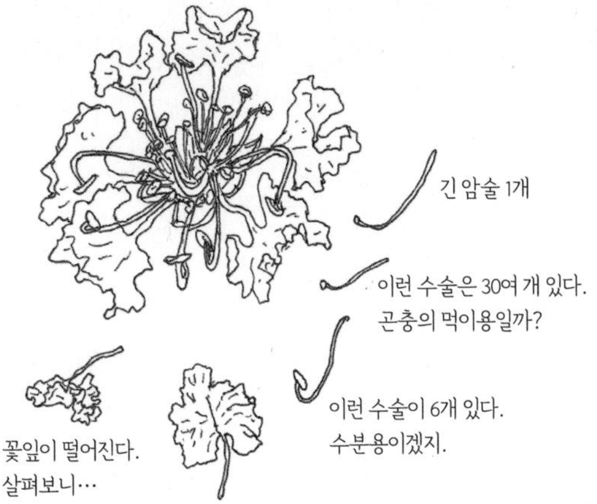

이렇게 생겼다. 이런 잎이 6장이다.
그런데 왜 꽃잎을 레이스처럼 만들었는지 알 수가 없다.
마치 잎자루처럼 꽃잎에 꽃잎자루가 있다.
덕분에 바람에 잘 흔들린다.
꽃잎이 잘 흔들리면 뭐가 좋을까?

흰 배롱나무
2016. 7. 11. 집 앞

자귀나무는 꽃잎이 매우 특이해서 단박에 알아볼 수 있다.
그런데 자세히 보면, 모여 있는 꽃송이 중 하나를 빼곤 모두 겉치장에 불과하다.
그 하나를 위해 모두가 애쓰고 있다.
맑은 향으로, 어여쁜 빛깔로 주변을 감싸며
꽃 무리를 이루어 곤충을 불러들인다.

끝에 꽃가루가
매달려 있다.

위에서 보면 중간에 가장 키가 큰 꽃을 중심으로
다른 꽃들이 둘러서 달려 있다.

2010. 7. 5.

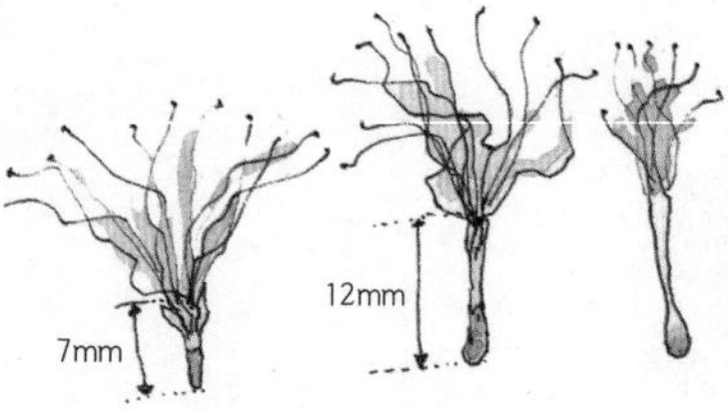

꽃받침을 떼어내도
이 모양이다.
꽃의 생김새가 원래 길다.

키가 작은 꽃에는
꿀이 없다.

키가 큰 꽃에 꿀이 있다.
관찰해 보니 벌들이
어떻게 알았는지 중간에 있는
키가 큰 꽃에만 앉아서
꿀을 빨고 간다.

자귀나무

회화나무도 여름에 꽤 늦게까지 꽃을 피운다.
올 여름에도 그럴 때를 놓쳤다 싶었는데 9월까지 남아있는 몇 송이가 있었다.
중국에서는 회화나무를 한자로 괴(槐)라고 쓰고 '회'라고 읽는다.
그래서 회화나무가 되었다.

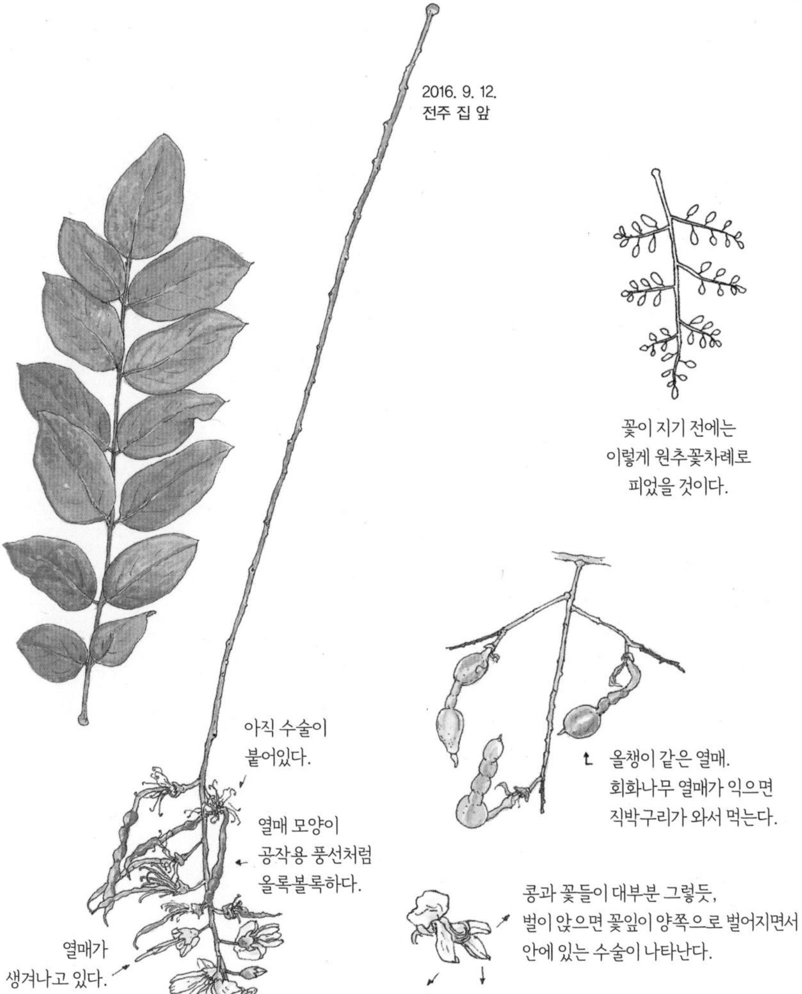

회화나무

열매의 존재감에 가려진 채소꽃들

꿀벌이 사라지면 4년 안에 인류도 사라진다고 아인슈타인이 말했다고 한다. 꿀벌이 사라지면 식물이 열매를 맺을 기회가 적어진다. 우리의 의식주, 특히 식탁에 식물의 열매가 미치는 영향이 지대하니 어찌 위기가 아니겠는가.

오늘날 우리가 먹는 음식의 대부분은 식물이다. 특히나 채소라고 부르는 것들, 즉 배추, 무, 오이, 감자, 고추, 당근, 마늘, 양파, 파, 호박, 가지, 옥수수 등이 없는 식탁은 상상하기 어렵다. 물과 공기가 그렇듯, 우리는 주변에서 흔히 볼 수 있는 것을 우습게 여기는 경향이 있다. 햇빛에너지를 광합성해서 인간이 사용할 수 있는 에너지로 바꾸어주는 녹색식물. 그중에서도 우리가 매일 먹는 것들의 위대함을 느끼면서 그 꽃을 관찰해 보자. 새로운 세상이 열릴 것이다.

꽃이나 열매 이야기를 할 때면 별 생각 없이 가장 화려한 꽃이나 우리가 먹을 수 있는 열매를 떠올려서 말한다. 사과와 배를 먹으면서는 그들의 꽃을 생각하지 않고, 목련이나 국화를 보면서는 그들의 열매를 생각하지 않는다. 부추는 주로 줄기를 먹으니 꽃도 열매도 생각한 적이 없다. 그래서 그려보았다. 이들에게도 꽃과 열매가 있다.

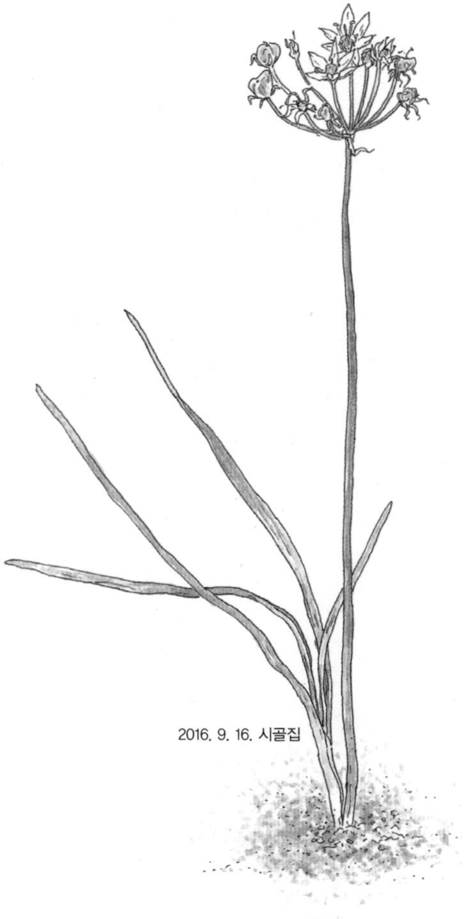

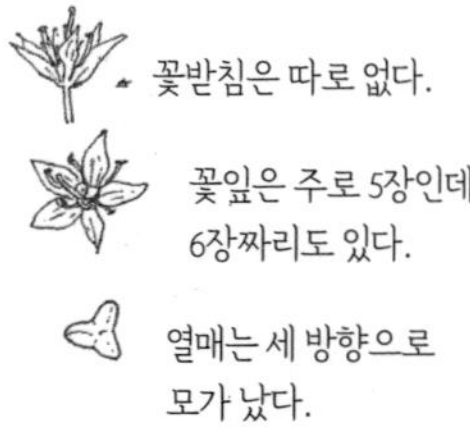

부추

8월, 시골집에 다녀왔다.
길가의 무너진 담장 위에 호박 넝쿨이 올라가 있다.
기억나지 않을 정도로 오래 전부터 봐온 호박.
하지만 자세히 들여다보니 몰랐던 게 많았다.
흔히 호박꽃을 못생긴 사람에 비유하지만 자세히 보면 형태가 아주 멋지다.
큰 별 모양으로 노랗게 피어 많은 곤충에게 풍성한 먹거리를 제공한다.

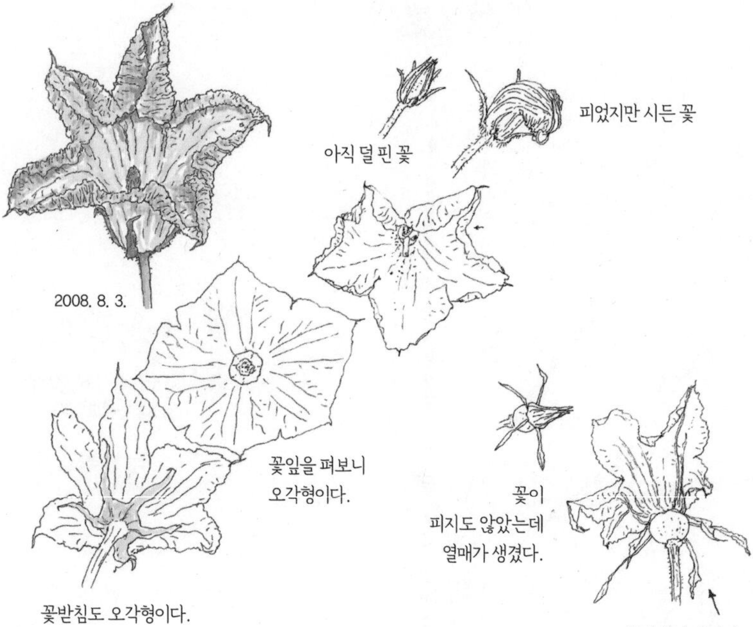

호박

이 녀석은 왜 꽃잎 끝에
계속 앉아있는지 모르겠다.

개미도 많이 온다.
개미가 있는 꽃은 벌이 안 왔다.

수박에만 줄무늬가 있는 게 아니다.
호박도 이렇게 줄이 있다.

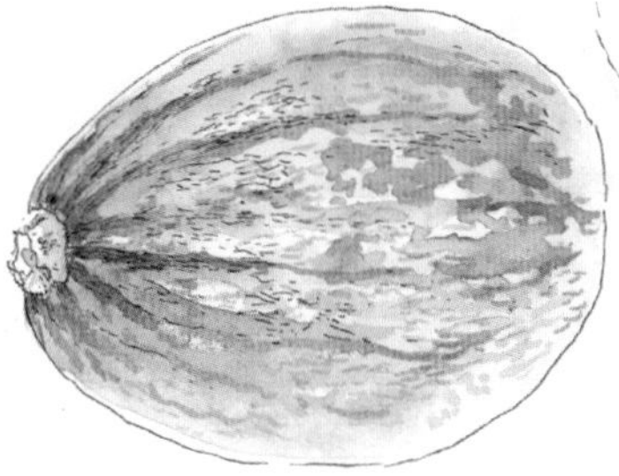

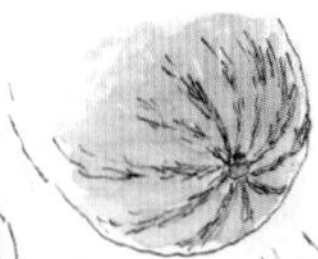

꽃이 진 자리

꼭지.
꼭지는 오각형이었다.
잎도 오각형이고, 꽃잎도 별 모양으로
오각형을 이룬다.
호박엔 오각형이 많다.

벼, 밀과 더불어 3대 주요 곡물로 꼽히는 옥수수. 수수라는 이름에 옥을 붙인 거겠지? 알맹이가 옥처럼 생겨서? 반면에 꽃은 이렇게 존재감이 떨어진다. 옥수수는 바람을 이용해 꽃가루받이를 하기 때문에 꽃이 화려할 필요가 없다. 물론 곤충도 종종 오긴 한다. 다른 풍매화(바람을 이용해 수분하는 꽃)들도 곤충이 아예 오지 않는 것은 아니다. 반대로 충매화(곤충을 이용해 수분하는 꽃)들 중에도 바람을 이용해 꽃가루를 멀리 보내는 것도 있다. 세상은 한 가지 방식으로만 살도록 되어있지 않다.

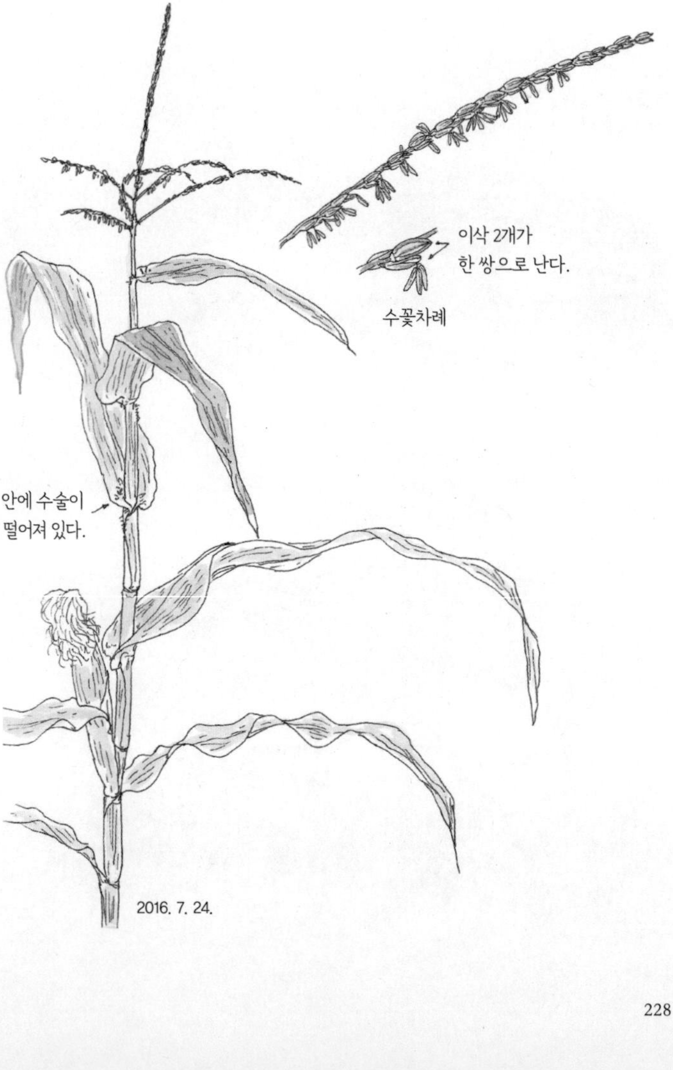

옥수수

세계적으로 동물 사료와 바이오연료를 만들기 위해 옥수수를 대규모로 재배한다. 그렇게 많이 재배하는데도 굶주린 많은 나라에는 가지 못하고 동물들의 뱃속으로 들어가거나 에탄올로 변해버리고 만다. 거기엔 모두 돈의 논리가 개입되어 있다.

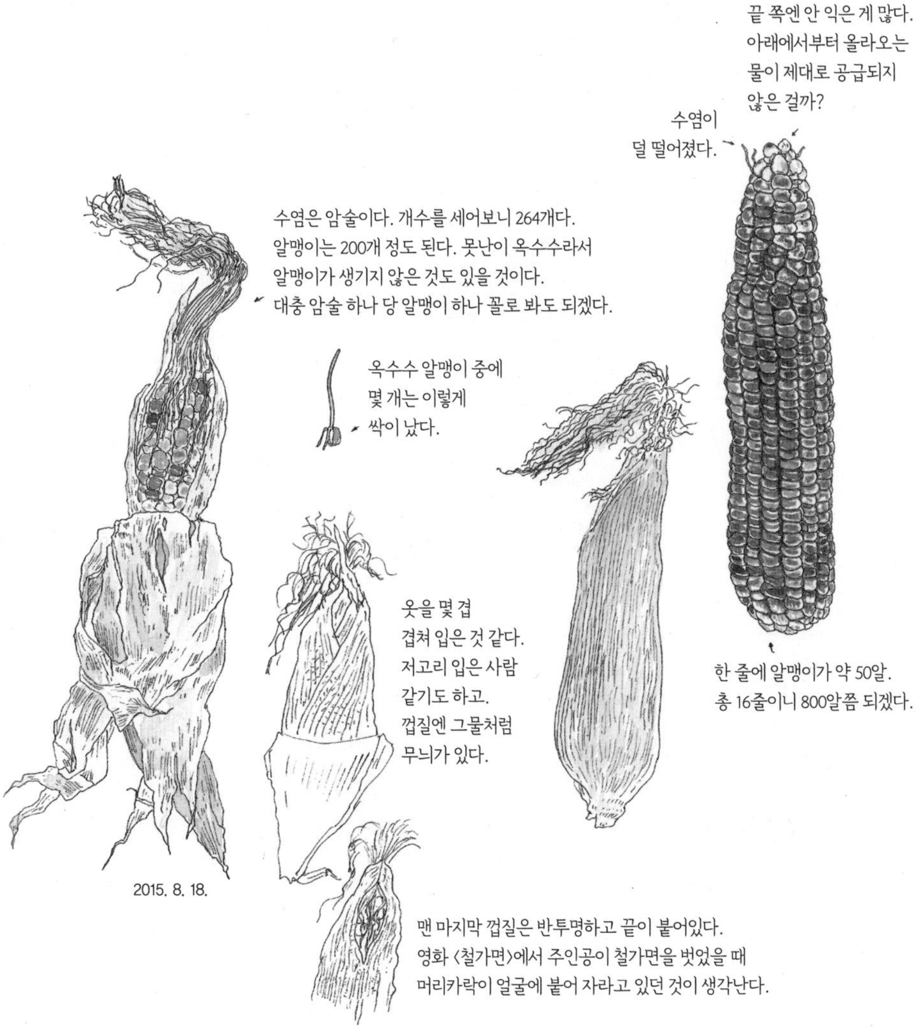

도라지를 늘 먹기만 했지 꽃을 그려보는 것은 처음이다. 도라지꽃의 멋진 남색을 도저히 표현할 수가 없다. 물감으로 자연의 색을 내기란 참 어렵다. 도라지는 하나의 꽃 안에 암술, 수술이 같이 있지만 시간차를 두고 발현되어 서로 만나는 일이 없다. 자가수분을 막으려는 전략이겠지?

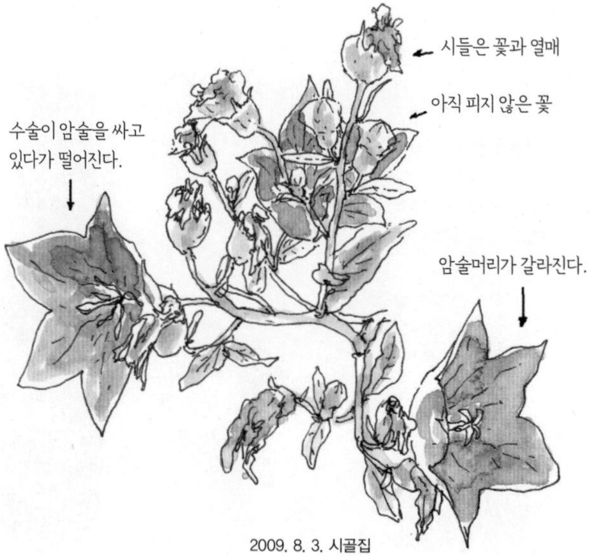

2009. 8. 3. 시골집

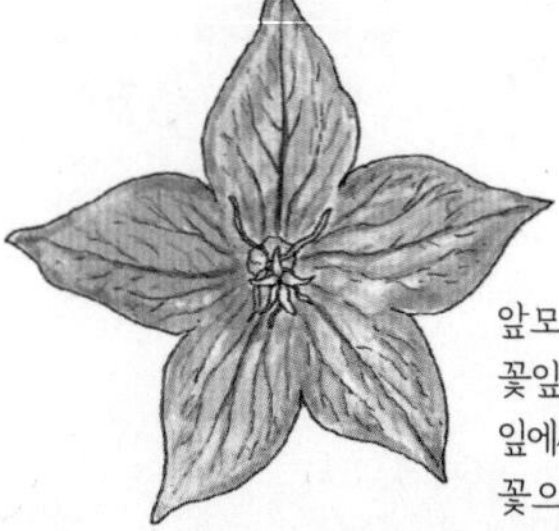

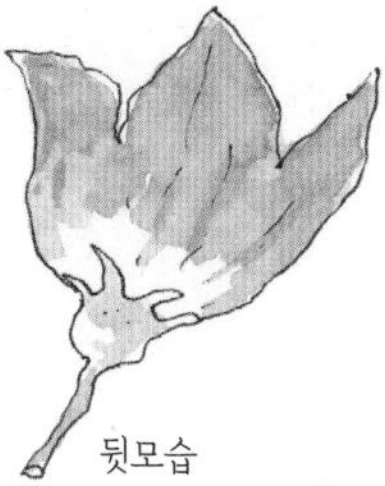
뒷모습

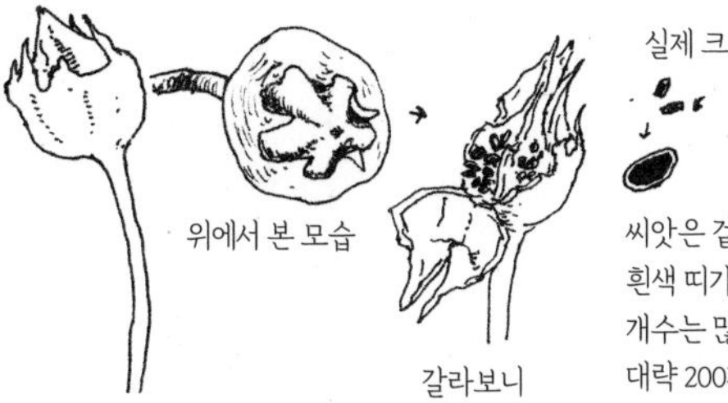
열매
위에서 본 모습
갈라보니
냄새가 진하다.
실제 크기
씨앗은 겉에
흰색 띠가 보인다.
개수는 많다.
대략 200개.

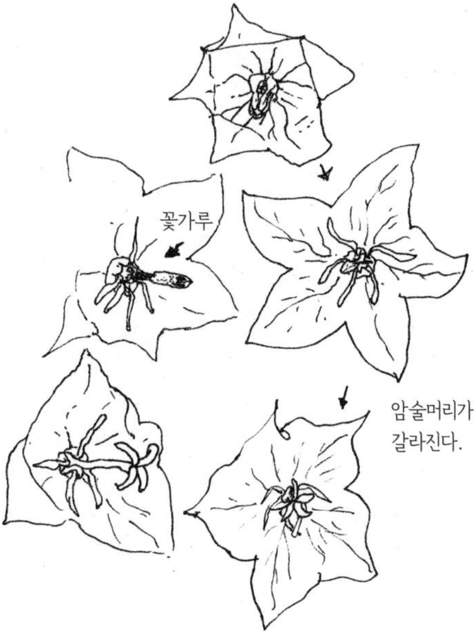
꽃가루
암술머리가
갈라진다.
꽃잎이 4장인 것도 있다.
그런 것은 암술머리도 4개로 갈라진다.
수술을 감싸는 것도 역시 4개다.

가지 꽃도 특이하다.

깊지 않게 갈라져서 마치 접어놓은 보자기를 편 것 같다.

감자, 토마토, 고추, 까마중도 모두 가지과 식물이다.

감자 꽃과 제일 비슷한 것 같다.

잎맥이 보라색으로 줄기처럼
자잘하게 갈라지면서 뻗어있다.
그물맥들이 입체적으로 튀어나와
얽혀 있는 모습이 마치 스파이더맨의
옷을 연상시킨다.

2016. 9. 14. 시골집

가지

가지 꼭지엔 가시가 있다.
이 날도 잡다가 찔렸다.

가지의 반짝이는 보랏빛 살결은 비교할 데가 없다.
입 안에 넣고 처음 씹을 때는 식감이 뽀드득거리고,
속은 스펀지 같은 퍼석함과 함께 단맛이 난다.
많이 먹으면 입이 좀 아리다.

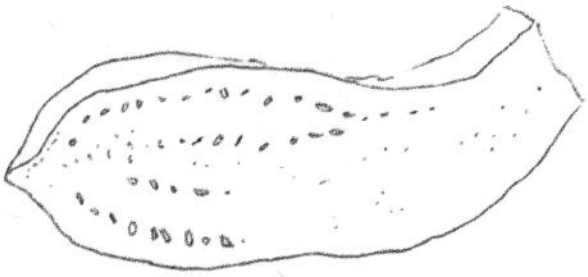

가지를 반으로 잘라보니 안에 씨앗이 촘촘히 박혀있다.
오이씨처럼 연해서 잘 씹히지만 다 익은 것을 말리면
단단해질 것이다.

[가지과에 속한 다른 꽃들]

감자

토마토

고추

까마중

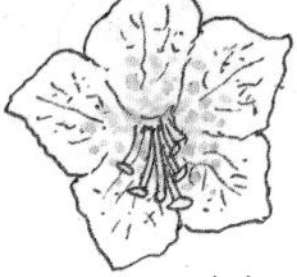

꽈리

까마중 열매가 한여름 따가운 햇볕을 견디며 여물고 있다.
시골에선 이 열매를 '먹때왈'이라고 불렀다.
토마토하고 사촌 관계이며 실제로도 작은 토마토처럼 생겼다.
열매 하나론 부족하고 손에 한 줌 따서 입에 털어 넣어야 제 맛이 난다.

까마중

나무를 줄기가 뻗는 모습으로 나눈다면 크게 한줄기 나무, 여러줄기 나무, 덩굴나무로 나눌 수 있다. 덩굴나무는 보통의 나무들처럼 반듯하게 제 몸을 펴고 자랄 수 없다. 누군가를 잡고 올라가야 하므로 다른 식물보다 싹이 조금 늦게 난다. 몸이 유연한 덩굴나무 줄기는 일상용품을 만드는 데 많이 사용되었다.

칡이나 등나무 같은 덩굴나무를 풀과 헷갈리는 사람들이 많다. 평소 보던 나무와 다르게 생겼고 줄기가 부드러우니 풀이라고 생각하기 쉽다(물론 풀 중에도 덩굴성이 있다). 나무와 풀을 구분하는 키워드가 몇 가지 있는데, 가장 손쉽게 구분할 수 있는 것이 겨울눈이다. 줄기 부분에 겨울눈이 있다면 나무이고, 없으면 풀이다.

덩굴나무는 유연함을 택하고 단단함을 버렸다. 그래서일까, 자라는 속도가 엄청나다. 새순이 나오는가 싶더니 어느새 1미터를 훌쩍 넘긴다. 관찰한 바로는 집 마당의 능소화가 새순이 돋아 그해에만 5미터 이상 자랐다. 보통 나무는 한 해에 1미터 자라기도 어려운데 정말 대단한 생장 능력이다.

높이로는 다른 나무에 의지해야만 나아갈 수 있지만 옆으로는 혼자서도 갈 수 있다. 세계에서 옆으로 가장 많이 뻗어가는 나무가 등나무라고 한다. 덩굴나무들은 그렇게 옆으로 뻗어가다가 다른 나무를 만나면 그것을 감거나 타고 올라가면서 자란다. 다른 나무를 못살게 군다고 미움을 받기도 하지만 그것이 운명이니 어쩔 수 없다. 저마다 타고난 성정을 어찌 바꿀 수 있겠는가?

우리 주변에도 남들보다 조금 힘이 약한 사람들이 있다. 여성, 노인, 어린이, 임산부, 환자, 장애인들이다. 그들을 나를 방해하는 사람이라고 보지 말고, 내가 돕고 같이 가야 할 사람이라고 보는 게 좋은 관점일 듯하다.

꼭 그려보고 싶었던 칡꽃!

꽃을 보면 칡도 콩과 식물이라는 것을 바로 알 수 있다. 향이 정말 좋다.

그 말을 난 알 수 없다.

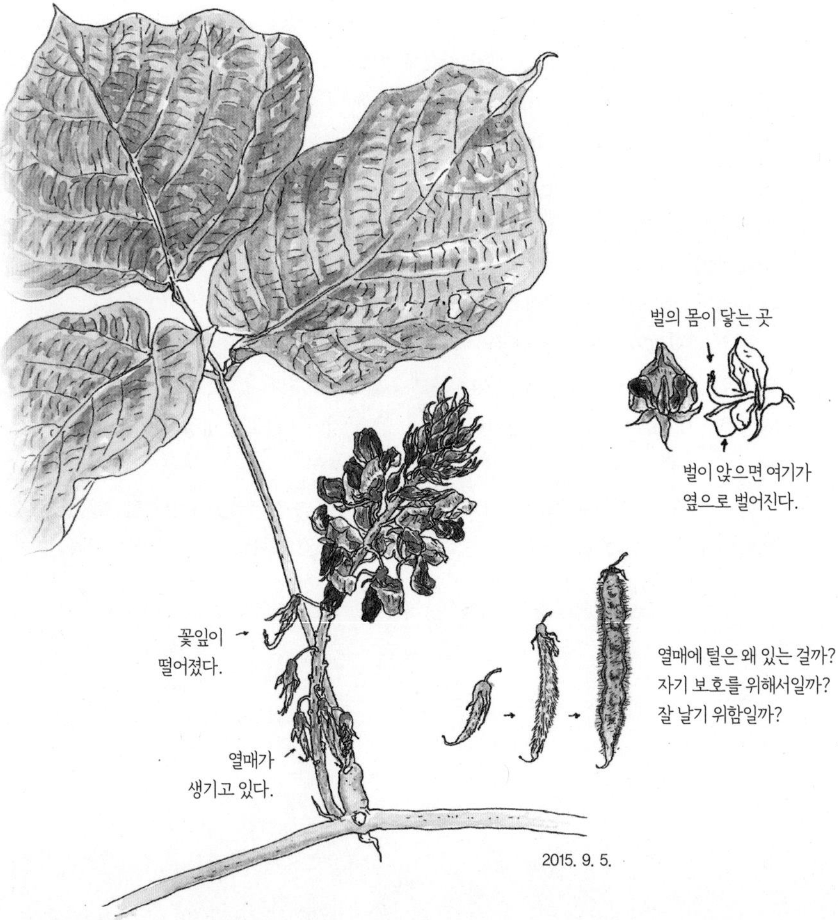

칡

능소화는 중국 원산이며 한자로는 능소(凌霄)라고 한다.
타고 오른다는 뜻의 능과 밤하늘 소. 밤하늘을 타고 오르는 꽃!

꽃가루 확대 그림
능소화 꽃가루가 실명을 일으킨다는 오해가 있다. 꽃가루에 갈쿠리가 달려 눈 점막에 묻으면 잘 떨어지지 않고 상처를 준다는 것인데, 인터넷으로 확대된 꽃가루 사진을 보니 갈쿠리가 없다. 게다가 아직까지 실명한 환자도 보고된 적이 없다고 한다.

미국능소화
능소화보다는 작고 색도 더 진하다.
잎도 더 작다. 이름에 '미국'이 붙으면
다 크다고 생각하는 것은 선입견이다.
7. 12.

2016. 6. 28.
전주천

덜 핀 꽃송이가 오각형이다.
도라지도 비슷하다.

이틀 동안 서로 다른 곳에서 사위질빵을 관찰하고 그렸다.

남산에서 본 사위질빵에는 꽃이 없었는데 이틀 뒤 도봉산에 가서 꽃이 핀 것을 보았다.

사위질빵은 새싹이 자라는 모습이 디자인적으로 수려해

가만히 쳐다보고만 있어도 기분이 좋다.

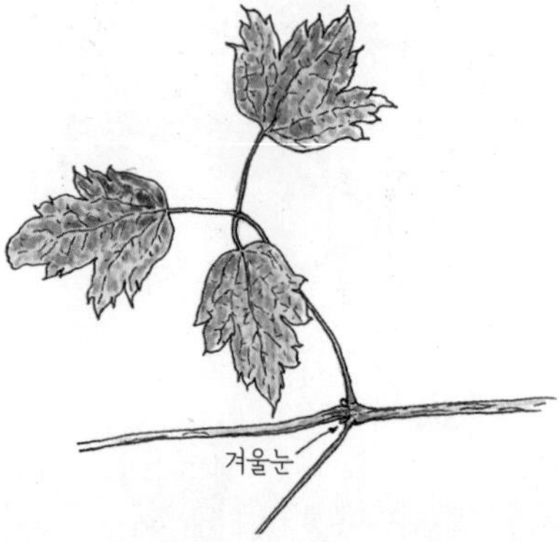

사위질빵

2016. 9. 4.

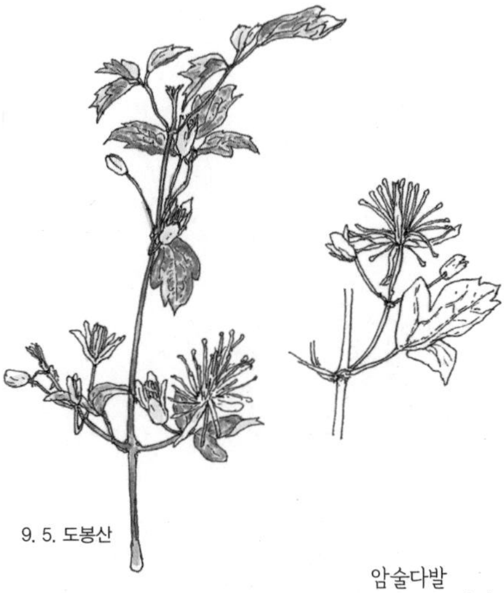

9. 5. 도봉산

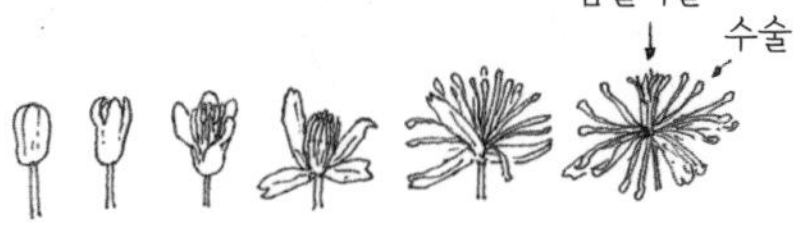

시간이 지나면서 꽃봉오리가 열리고 4개의 꽃잎이 열리면
그 안에서 수술들이 암술다발을 감싸고 있는 꽃이 피어난다.

여름 하면 떠오르는 꽃 중에 연꽃도 있다. '이맘때 서울 어디서 연꽃을 보나' 생각하다가 봉원사에서 화분이긴 하지만 늘 연꽃을 준비하는 게 생각났다. 무더운 날씨에 순전히 연꽃을 그리기 위해 봉원사로 갔다. 날씨가 너무 더워 그림을 그리는 동안 땀이 줄줄 흘렀다. '얼른 그늘로 들어가고 싶다….' 마음이 초조하니 손이 빨리 움직였다. 원하는 그림이 그려지지 않는다. 연꽃 하면 보통 부처님을 연상하는데, 더위에 나는 마음 속 부처를 잃어버렸다.

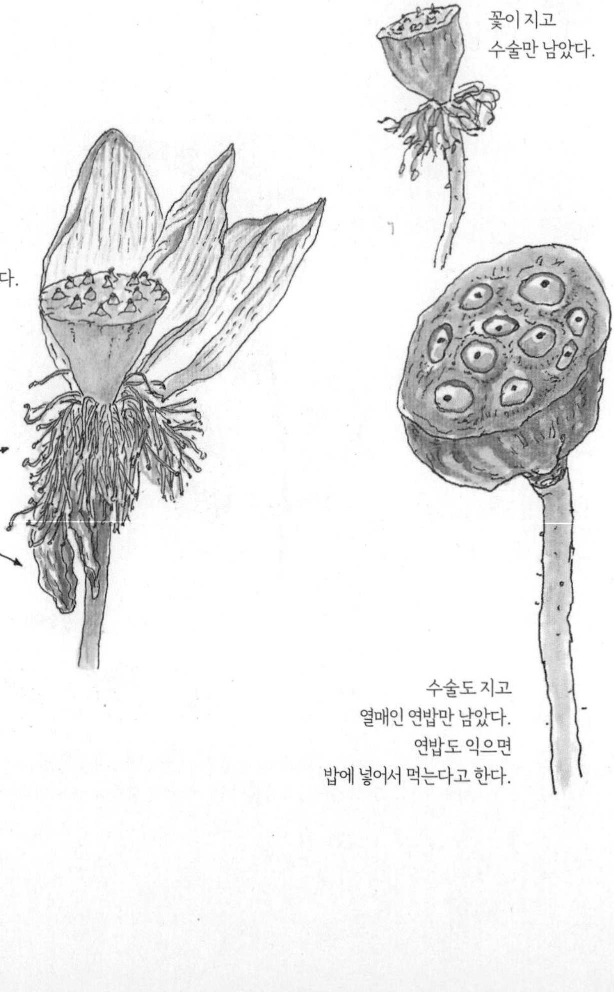

연꽃

연잎이나 토란잎은 그 위에 물방울이 떨어져도 젖지 않고 표면장력에 의해 물방울만 또르르 굴러다니다 떨어진다. 어릴 적에 이를 이용한 놀이를 한번쯤 해봤을 것이다. 그것을 연잎 효과(lotus effect)라고 한다. 연잎은 표면에 눈에 보이지 않을 정도의 작은 돌기들이 나있어 물에 젖지 않고, 오히려 먼지만 씻어주는 자기세정 작용을 한다. 그래서 실생활에 많이 활용하고 있다.

잎을 문지르면 누린내가 난다고 해서 누리장나무다. 사람에 따라서는 그 향을 고소하다고도 말한다. 잎에 비해 꽃향기는 달콤 향긋하다. 꽃 모양도 특이한데, 꽃받침 부분이 붉어 그게 꽃잎처럼 보인다. 나중에 열매가 맺히면 또 다른 멋짐이 있다. 열매가 오묘한 푸른색을 띠기 때문이다.

누리장나무 꽃은 다른 꽃들에 비해 조금 신기한 작전을 쓴다. 하나의 꽃 안에 암술과 수술이 같이 있는데, 수술이 먼저 반듯하게 펴져 있다가 시간이 지나면 구부러진다. 이때 조용히 구부리고 있던 암술이 펴진다. 한 꽃 안에서 암술과 수술이 서로 만나지 않으려는 전략이다. 자가수분을 막기 위함일 것이다. 누리장나무는 이렇게 암꽃과 수꽃을 따로 두지 않고 한 송이 안에서 '남녀칠세부동석'을 실천하며 근친교배를 막는다. 그 덕분에 다양한 유전자를 얻을 수 있었을 것이다.

맥문동 줄기이다.
학생들이 그리겠다고 뜯어온 것을 나도 그려보았다.
엄청 길다. 맥문동 줄기가 이렇게 길구나….
항상 잎 위로 올라온 상태만 봐서
이 정도로 긴 줄은 몰랐다.

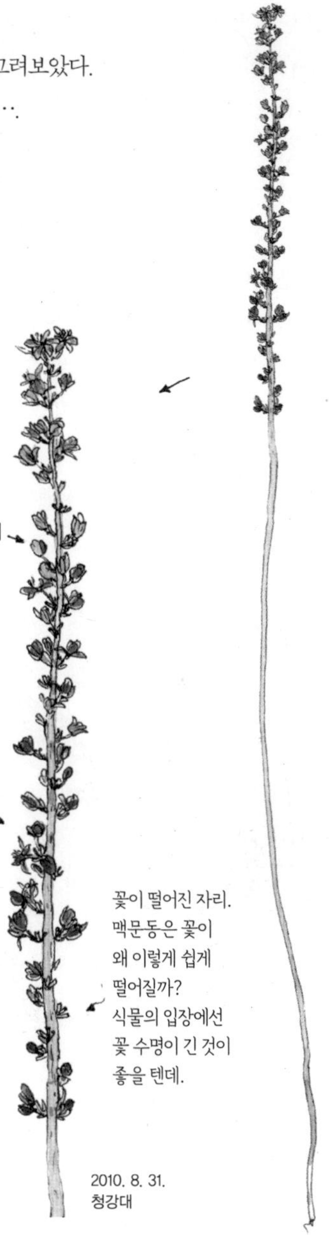

맥문동

시골 어머니께서 내가 그림 그리는 것을 보고 "장녹 그리네?" 하신다.
미국자리공은 귀화식물인데 어머니가 따로 부르는 이름이 있는 걸 보니
오래된 우리 식물 같다. 어디서든 볼 수 있을 만큼 널리 퍼져 누구나 알아보는
친근한 풀이 되었으니 이제 우리 식물이라고 해도 되지 않을까?
천남성도, 자리공도 독이 있다고 하는데 주로 뿌리와 줄기, 잎에 있다.
열매는 덜 익었을 때는 독성이 약간 있고 다 익었을 때는 없다.
열매에 독이 있을 때는 새도 먹지 못하겠지?
자리공 열매는 새들이 좋아하는 먹이 중 하나다.
미국자리공 열매가 익어가는 계절이면 주변 풀잎이나 나뭇잎에서
새가 싸놓은 보라색 똥을 자주 발견할 수 있다.

2016. 8. 6.

미국자리공

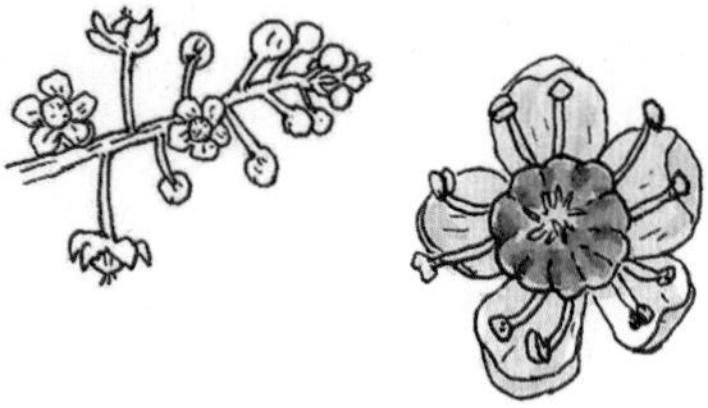

꽃

5개의 꽃받침이 꽃 역할을 한다.
정말 꽃 같은데 그냥 꽃이라고 하면 안 되나?
안에 든 녹색 부분이 씨방이고 끝에 작게 암술머리가 붙어있다.
녹색 부분은 늙은 호박 모양이고 울퉁불퉁한 굴곡이 10개다.
암술도 10개인 듯하다.
그 주변에 수술이 달려 있다.
수술도 10개다.

열매

녹색 호박 모양이 커지면서 점점 익어간다.
익으면서 굴곡도 사라져 모양이 동그래진다.
가을이 되면 검정에 가까운 진한 보라색이 된다.

제 8 부

무더위 지나 가을까지 풀꽃 산책

가을에도 꽃은 핀다

여름꽃과 가을꽃의 경계는 무엇일까? 보통 7~8월 여름의 정점에 피어나 9~10월 가을까지 꽃을 매달고 있는 계절 경계성 꽃을 가을꽃이라고 부르는 듯하다. 가을꽃들은 모두 그렇지는 않지만 보라색이 많다. 단풍과 구별되기 위함일까?

가을에는 나무꽃보다 풀꽃이 많다. 나무들은 손이 많이 가는 열매를 만들어야 하기 때문에 꽃 피는 시기를 가을까지 끌고 가지 못한다. 꽃을 늦게 피우면 열매가 제대로 성장하지도 못하고 겨울이 닥쳐올 수 있기 때문이다. 풀은 체격이 작고 한살이가 짧으니 가을에 꽃을 피워도 금방 열매를 맺어 씨앗을 흩뿌릴 수 있다. 그래서 가을에는 나무보다 풀꽃이 많다.

옥잠화는 꽃이 덜 피었을 때의 모습이 옥비녀를 닮아서 옥잠화라고 부른다. 꽃 모양이 비비추와 비슷하지만 비비추보다 늦게 피고 꽃 색깔도 비비추(보라색)와는 다른 흰색이다. 자세히 보면 꽃대에 작은 잎 같은 것이 나는 것도 차이점이다.

옥잠화

암술과 수술이 모두 길다.
꽃이 시작되는 부분에 붙어있다.

수술 하나가 10cm도 넘는다.

덜 핀 꽃 모양이
정말 옥비녀를 닮았다.

2016. 9. 1. 남산

잎이 하트 모양인데 갈라지지 않고 동글동글해서 그런지 둥근잎나팔꽃이라고 부른다.
나팔꽃도 종류가 많아 정확히 구분하기 어렵다. 색깔도 다양하다.
관찰해 보니 새벽 6시경에 피어 정오가 되면서 시드는 것 같다. 겨우 몇 시간만 피고 진다.
노래 가사 중에 "나팔꽃처럼 짧은 사랑아~" 하는 말이 나오는데 정말 그렇다.

둥근잎나팔꽃

넓은 꽃받침 3개
좁은 것 2개

꽃이 피기 전에 말려 있다.
시들 때도 말리면서 시든다.
꽃받침도 5개,
말린 모양도 5각형.

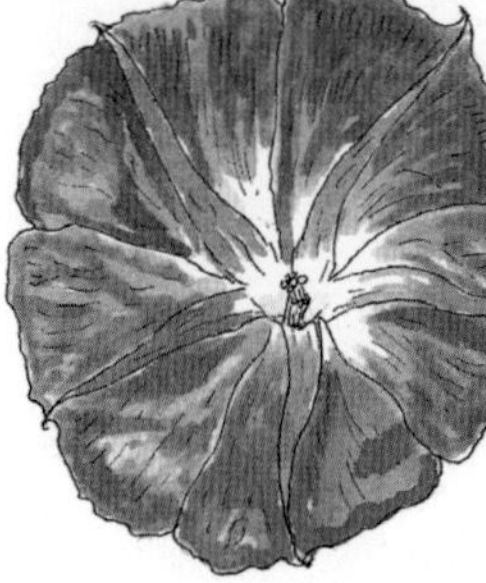

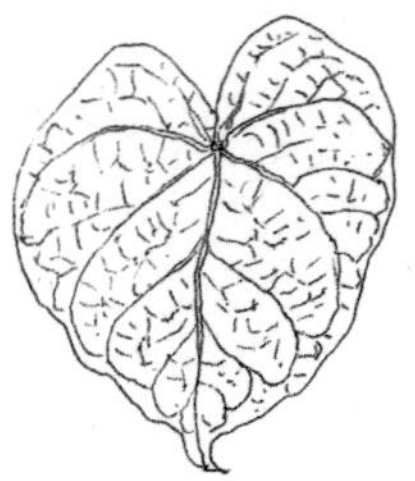

잎은 하트 모양이다.

색깔 내기가 정말 힘들다.
안과 밖의 색이 다르니 묘하다.

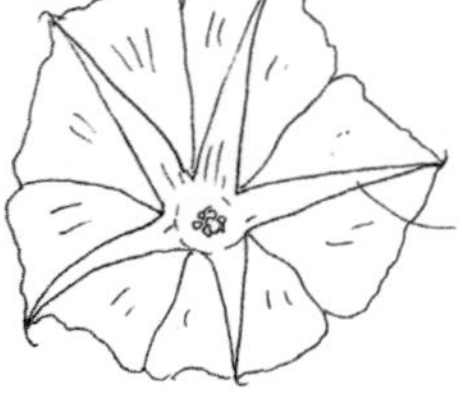

불가사리처럼
별 모양이 만들어지고
중간 중간에 굵은 선이 나있다.

랩 같다. 얇고 끈적거리는 느낌?
실제로 끈적이지는 않는데
얇아서 그런 느낌이 든다.

암술

수술들은
꽃잎에
붙어있다.

좁은 꽃받침 안에
꽃이 말려 있다.

넓은 꽃받침은 전체적으로 바깥에서 감싸고,
좁은 꽃받침은 덜 핀 꽃을 감싸고 있다.

덜 핀 꽃을 찢어보니
안에 이미 수술이 들어있다.
하지만 수술대가 짧다.
꽃이 자라면서 수술대도
같이 자라나 보다.

마당 한 구석에 어린 나팔꽃이 하나 자라고 있다.
덩굴이 너무 많이 뻗어나간 것은 그리기 어려우니
이 녀석을 그리기로 했다. 꽃 색깔이 오묘하다.
나팔꽃을 일컫는 영어 이름 모닝글로리는 '아침의 영광'이라는 뜻이고,
일본어 아사가오는 '아침 얼굴'이라는 뜻이다.
모두 아침을 나타낸다.
그것을 증명이라도 하듯 오전 11시 20분이 되자
꽃잎이 안으로 말린다.

2016. 9. 7. 전주

미국나팔꽃

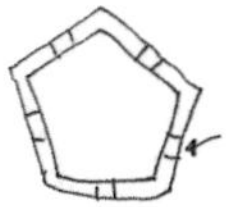

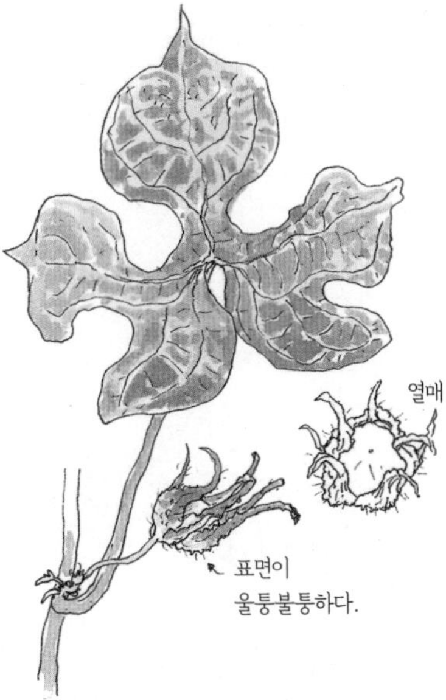

다 자란 잎은 다섯 갈래다.
내가 나팔꽃이라면 잎맥을 어떻게 만들지 고민했을 것 같다. 이런 갈래잎에서는 잎맥을 어떻게 디자인해야 물을 잘 보낼 수 있을까? 나팔꽃은 잘 해결한 듯하다.

달개비꽃의 정식 이름은 닭의장풀이다.
닭장 근처에서 잘 자라 그렇게 이름 붙었다는데 조금 이상하다.
왜 닭장풀이 아니라 닭의장풀일까?
달개비라는 이름 역시 닭과 연관이 있을 것 같다.
시골 어른들은 닭을 '달구'라고도 부르니
ㄱ이 남아 달개비라는 이름으로 변하지 않았을까?
아니면 닭의 애비에서 달개비가 된 걸까?
물론 이 풀이 꼭 닭장 옆에서만 자라는 것은 아니다.
시골길 어디서든 잘 자란다.
어쩌면 두 장의 쫑긋 세워진 꽃잎이 닭의 벼슬 같은 느낌이 들어
그런 이름이 붙은 건 아니었을까?
어릴 때 자연 시간에 현미경으로 세포 관찰을 할 때마다
양파 껍질이나 달개비 잎의 얇은 비닐 같은 막을 떼어 관찰했던 기억이 있다.
그래서 더욱 친근하다.

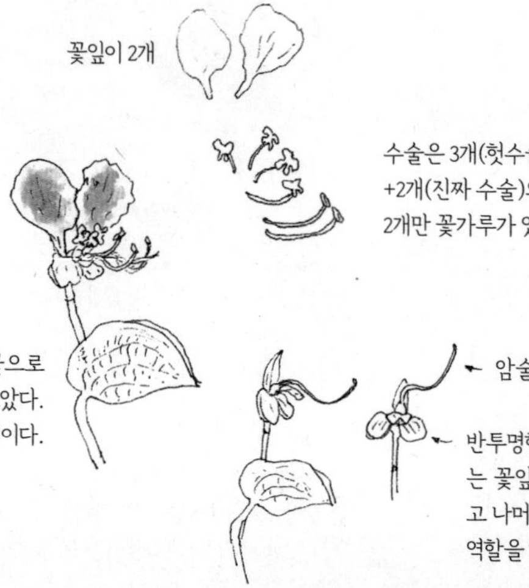

닭의장풀

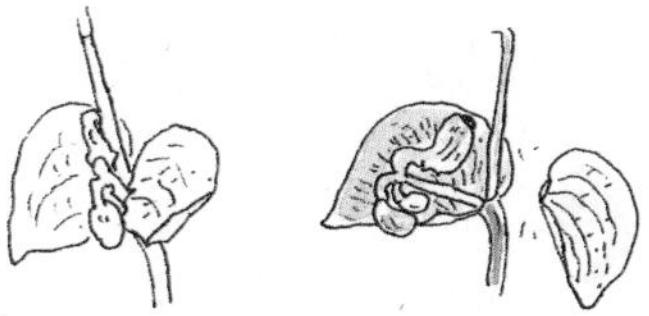

잎 말고 잎과 비슷하게 생겨 꽃대를 감싸고 있는 두 조각의 포를 쪼개니 그 안에서 열매가 맺히고 있다. 달개비 꽃은 피고 지고 반복하면서 여러 번 피는데 한 군데에서 3~4개가 피는 것 같다. 열매는 3~4개로 보인다.

2016. 9. 13. 시골집

달맞이라는 이름에서도 알 수 있듯이 밤에 피고 낮에 시든다. 밤에 피는 이유는 당연히 밤에 활동하는 곤충을 겨냥한 것이다. 주로 나방이다. 그런데 관찰해 보면 아침까지 꽃이 피어있는 경우가 많다. 그러면 오전에 활동하는 곤충도 달맞이꽃에 놀러 가겠지?

2016. 9. 21. 전주천

꽃받침이
아래로
젖혀져 있다.

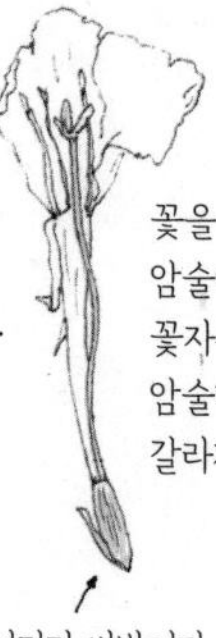

꽃을 반으로 잘라보니
암술이 아주 길다.
꽃자루가 긴 것만큼 암술도 길다.
암술머리는 네 갈래로
갈라져 있다.

여기가 씨방이다.
나중에 열매가 된다.

깨 열매를 닮았다. 반으로 쪼개보니 안에서 씨앗이 나온다. 이 씨를 이용해 감마리놀렌산이라는 성분이 들어있는 기름을 짠다. 피를 맑게 해주고 관절염에도 좋다고 한다.

큰달맞이꽃

어릴 때 “저녁 먹어라~” 하고 부르면 달려가다 이 꽃이 피는 것을 보았다는 얘기를 들었다. 낮에 자고 밤에 피어난다. 열매를 까면 흰 가루가 나온다. 그것을 이용해 실제로 분칠하는 데 썼다고 해서 분꽃이다.

화장은 언제부터 한 걸까? 사냥하거나 전쟁할 때 강인해 보이기 위해 얼굴에 분칠을 한 것 말고, 예쁘게 보이고 싶어 화장을 한 최초의 기록은 기원전 7500년 전 이집트에서였다고 한다. 얼굴을 하얗게 보이고자 한 것은 고대 그리스에서 르네상스 시대를 거쳐 근대까지 이어졌다. 얼굴을 희게 보이려는 욕구는 왜 생겼을까? 밖에서 일하지 않는 귀족처럼 보이려는 의도였을까? 아니면 단순히 어려 보이고 싶어서?

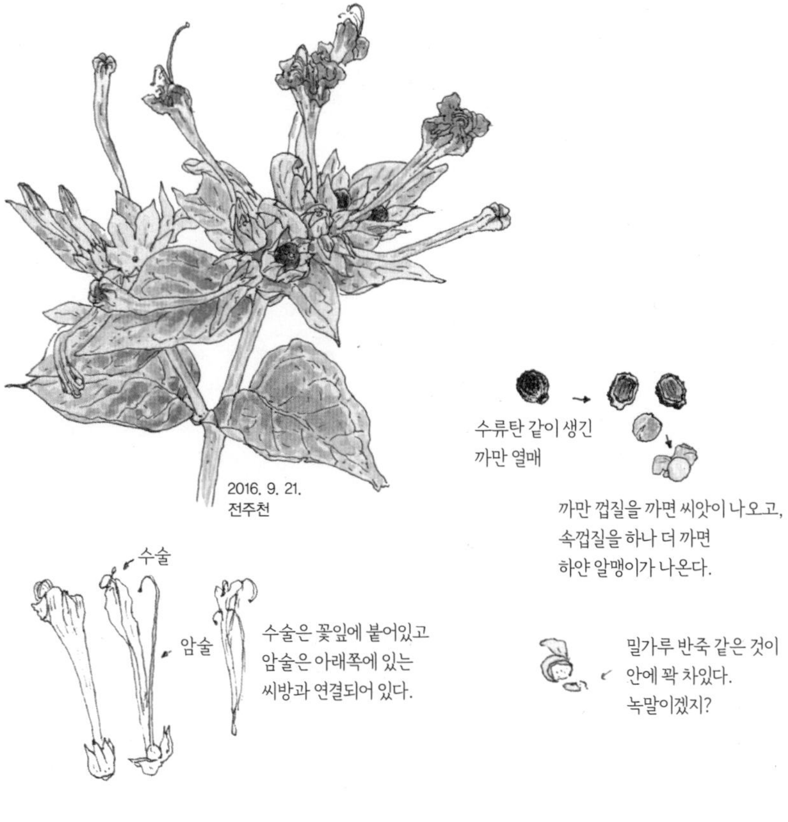

가을 하면 역시 코스모스가 대표적이다.
이 꽃을 코스모스라고 처음 부른 사람은 1700년경 스페인의 수도 마드리드에서
식물원장을 지낸 카마니레스라는 사람이었다고 한다.
그는 왜 이 꽃을 보고 우주(cosmos)를 떠올렸을까?

코스모스

덜 핀 관상화도 별 모양이고, 피었을 때도 별 모양이고,
거기서 나온 꽃가루주머니도 별 모양이다. 어떤 사람은
꽃 모양에 별이 가득해 코스모스라고 부르게 되었다고
설명하는데, 국화과 꽃들이 대부분 이렇다.

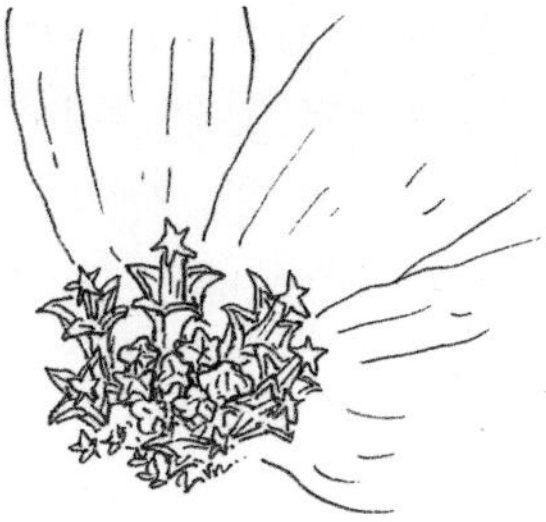

꽃받침이 이중 구조라고 할까?
안에 하나 있고 겉에도 하나 있다.
총포라고 불러야 할까?

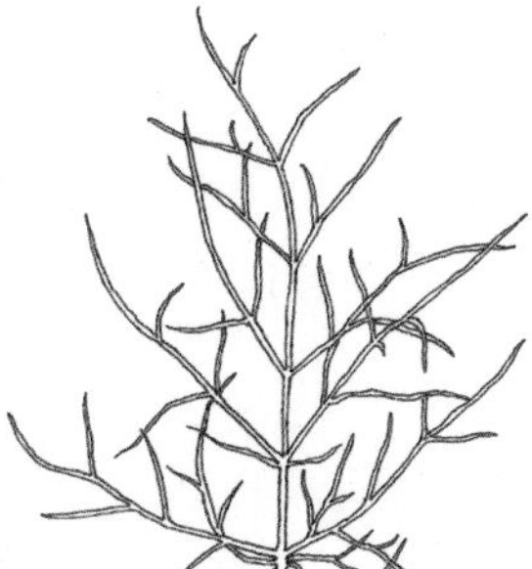

이파리도 특이하다.
나뭇가지 같다.
코스모스를 많이 봤어도
잎이 이런 줄 몰랐다.

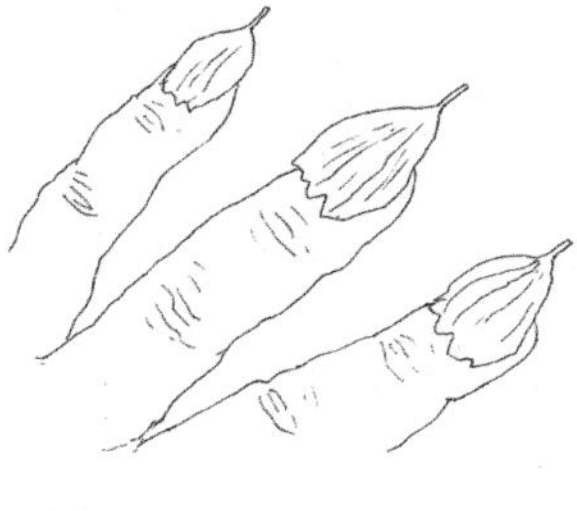

어릴 때 꽃잎을 떼서 침을 묻혀
손톱에 붙이고 괴물 손이라고 장난을 쳤었다.

가을에는 국화과 꽃들이 많이 핀다.

다른 계절에 피는 국화꽃도 있지만 가을에 특히 많다.

그래서 꼭 코스모스가 아니라도 국화 종류를 보면 가을이구나 싶어진다.

해바라기, 쑥부쟁이, 구절초, 감국…도 모두 국화과다.

2016. 9. 25. 삼청공원

벌개미취

국화과 꽃들은 기본 형태가 비슷해서 쉽게 알아볼 수 있다.
쑥부쟁이 꽃을 떼어 관찰해 보았다.
국화꽃은 혀를 닮은 설상화와 대롱을 닮은 관상화로 구성되어 있다.
꽃 가장자리에 빙 둘러가면서 난 것이 혀꽃이고, 중간에 점점이 있는 것이 대롱꽃이다.
각각이 꽃 한 송이라는 것도 재미있다.
그러니 흔히 말하는 국화 한 송이는 수십 수백 송이로 이루어진 부케인 셈이다.

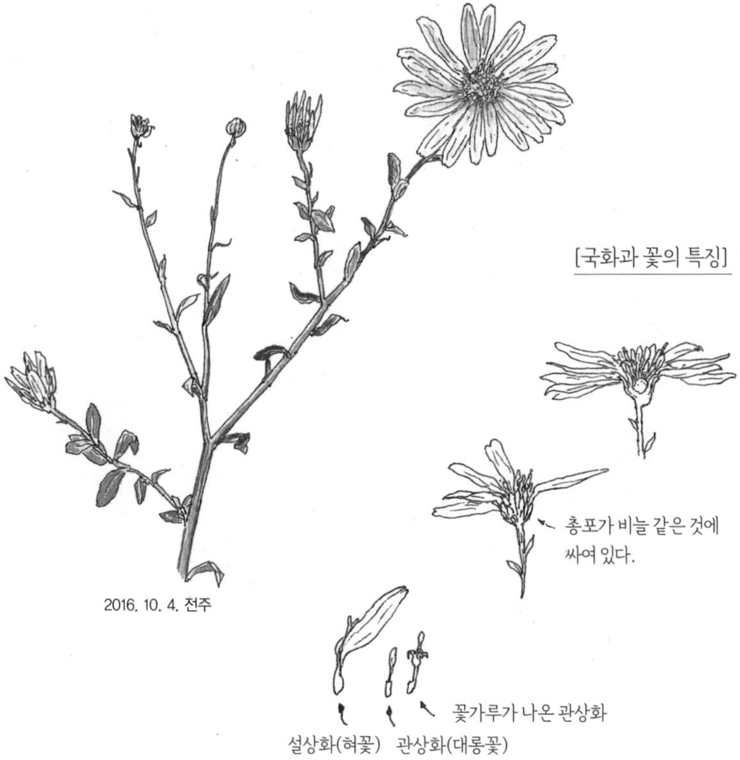

차를 만들어 마시기 좋은 꽃.

보통 국화차라고 하는 것이 이 꽃을 통째로 말려 만들어진다.

2016. 10. 14.

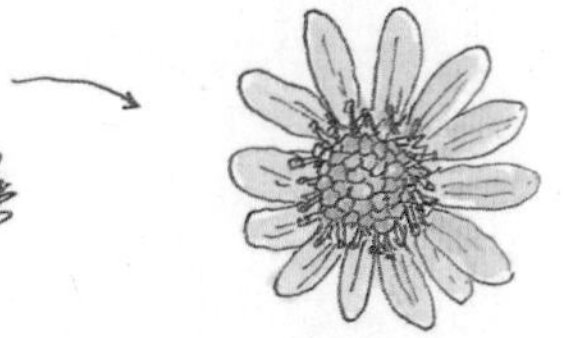

꽃이 너무 작고 많아서 그리기가 쉽지 않다.
조금 확대해서 그리니 안쪽에 덜 핀
관상화들이 별 모양이나 육각형이다.

산국

꽃 안에 진한 얼룩무늬가 있다.
기생이 단장한 것 같이 예뻐 기생초라 불렀다는데,
한 생명체의 이름을 그렇게 개인적인 감상만으로 지어도 되나?
특성에 맞는 다른 이름을 찾아주면 좋겠다.

해를 따라가며 자라서 해바라기라고 불렀다는데, 거짓말이다.
식물이 어떻게 하루에도 몇 번씩 자세를 바꾸며 자라겠는가.
어릴 땐 그럴 수도 있지만 줄기가 단단히 자란 후에는 있을 수 없는 일이다.
아마도 커다란 꽃이 해를 닮아 해바라기라고 했을 것이다.

잎과 꽃받침, 꽃잎의 구분이 명확하지 않다. 잎에서 꽃잎이 나왔음을 명백히 보여준다.

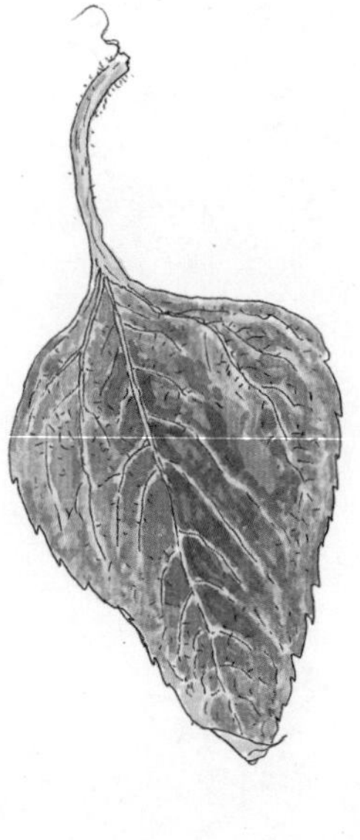

해바라기

설상화가
33장이다.
관상화.
수없이 많아 셀 수가 없다.
줄기에 털이 많다.
2016. 10. 12. 전주

풀의 맛

우리 삶에서 먹을 것을 빼면 사는 낙이 없다고들 한다. 사실 먹는 것은 한편으로 스트레스다. 먹을 것을 구하러 나가야지, 세심히 관찰해야지, 발견하면 뛰어서 잡든가 땅에서 캐든가, 어쨌든 노동력이 많이 들어간다. 만약 우리 입에 들어가는 음식이 맛있지 않다면 귀찮아서 이런 일을 하지 않을 것이다. 그러니 먹는 즐거움이 얼마나 큰가.

사람들을 홀리는 맛 중에 달콤한 것만 있지는 않다. 우리는 종종 씁쓸하고 떫고 시고 짜고 매운 자극적인 맛들에 끌린다. 특히 자연에서 채취한 나물들은 대부분 쓴맛이 난다. 자극적인 것은 중독이 잘 된다. 어려서부터 들판에서 뜯어먹던 수많은 풀들의 맛이 잊히지 않고 아직까지 생생하게 남아있는 것도 그 때문일 것이다. 나는 어떤 풀을 이야기하면 제일 먼저 떠오르는 것이 색깔과 형태, 꽃의 아름다움, 염료로 사용된 것 등의 쓰임새가 아니라 바로 '맛'이다. 맛과 냄새가 제일 먼저 떠오른다. 지식보다 감각했던 경험이 먼저 떠오르는 것이다.

식물의 쓴맛은 천적으로부터 자신을 보호하기 위해 품고 있는 독 때문이다. 나무보다 풀의 독이 강하다. 나무는 체격이 크고 줄기가 단단해 이파리 한 장 손상된다 해도 피해가 적은 반면, 풀은 전체가 약해서 잘 먹히고 그후에 피해가 더 크기 때문에 더 강한 독으로 무장하고 있다.

풀들에게 가장 큰 적은 곤충 애벌레들이다. 종류도 많고 개체수도 엄청나게 많아 피해가 컸을 것이다. 그래서 자구책으로 만든 독이 우리 인간에게는 오히려 '약'이 되는 경우가 많다. 선조들이 경험을 통해 어떤 풀이 어디에 좋은지를 알아내 기록한 것이《동의보감》같은 의학서가 되었고 민간요법으로 전승되고 있다.

병원도 많지 않던 시절에 어른들은 아이를 건강히 키우기 위해 아픈 증상에 잘 듣는 민간 약재를 알고 있어야 했을 것이다. 다행히 약재가 멀리 있지 않고 늘 자주 보는 마당에, 들판에, 산에 자라고 있는 풀이라니 얼마나 고마웠을까.

우리가 먹어서 죽음에 이르거나 큰 피해를 볼 독초는 흔치 않다. 적어도 우리가 사는 주변에서 만날 일은 없다. 그러니 아이들과 산책을 하다가 편하게 들풀 한두 가지쯤은 뜯어먹어 보는 것도 자연과 쉽게 친해지는 방법일 것이다.

개망초를 시골에선 풍년초라고 불렀다. 망초는 집안이 망하면 생긴다고 망초라던데, 풍년초는 무슨 뜻일까? 다른 먹을 것은 없고 들판에 이 풀만 풍년이라 그리 불렀나?
로제트 시기에 전체를 나물로 먹는다. 아이들은 꽃 모양을 보고 '계란꽃'이라고 불렀다. 봄에 로제트로 있다가 곧바로 꽃을 피워 씨앗을 만들고, 그 씨앗에서 나온 개체가 가을에 또 꽃을 피운다. 부지런한 풀이다.

2016. 10. 26.

해바라기처럼 안쪽 꽃들이
2개의 나선을 그리고 있다.

설상화 숫자가 많다.
꽃잎이 많으니 꽃받침도 많다.
꽃잎을 떼어 세어보니
85개쯤 된다.

개망초

웬만한 골목에서 흔히 볼 수 있는 풀이다. 언뜻 이파리만 보면 민들레와 헷갈릴 수 있다. 그러나 줄기와 잎에 약간의 붉은 기운이 돌고, 좀 헷갈릴라 치면 꽃대가 부쩍 자라 주변의 다른 풀들을 압도한다. 보통은 40~50cm로 자라지만 80cm가 넘는 것도 자주 봤다.

국화과 식물 중에서도 민들레, 씀바귀, 뽀리뱅이, 고들빼기, 이 녀석들은 꽃도 열매도 비슷하고, 줄기를 자르면 흰색 유액이 나오는 것도 닮았다. 유전적으로 더욱 가까운 사촌들인 셈이다.

2016. 5. 9.
전주집

열매가 익으면 이렇게 솜털이 생겨서
날아다닌다.

[비슷한 꽃 구별하기]

뽀리뱅이
크기와 생김새가 씀바귀와
비슷한데 좀 더 노랗고,
개체에 따라 다르겠지만
꽃잎 끝부분 색깔이 좀 진하다.

씀바귀
꽃가루주머니
색깔이 어둡다.
꽃도 더 크다.

고들빼기
꽃가루주머니 색이
꽃잎 색과 같다.

우리 시골집 뒷마당에는 고들빼기가 자란다. 가족 모두 고들빼기김치를 좋아하기 때문이다. 씁쓸한 맛에 중독성이 꽤 있다. 따뜻한 밥 한 술에 막 담근 고들빼기김치를 올려 먹으면 정말 맛있다.

서울에 와서도 어디에서나 볼 수 있는 게 고들빼기였다. 씨앗이 바람을 타고 날아가기 때문에 어디에든 뿌리를 내린다. 어느 길에서건 고들빼기를 보면 고향 생각이 나고 정겨움이 느껴진다. 흔해빠진 것의 고마움이랄까.

고들빼기

오랜만에 전주 집에 갔더니 왕고들빼기가 나보다도 크게 자라 있었다. 그 생장이 놀라워 한동안 쳐다보고 있는데 집에 들어오시던 부모님께서 보기 흉하다며 뽑으라 하신다. 너무 흔해 그리지 않고 미뤄두기만 하던 것을 이때다 싶어 꽃과 잎, 줄기, 뿌리까지 샅샅이 그려 보았다.

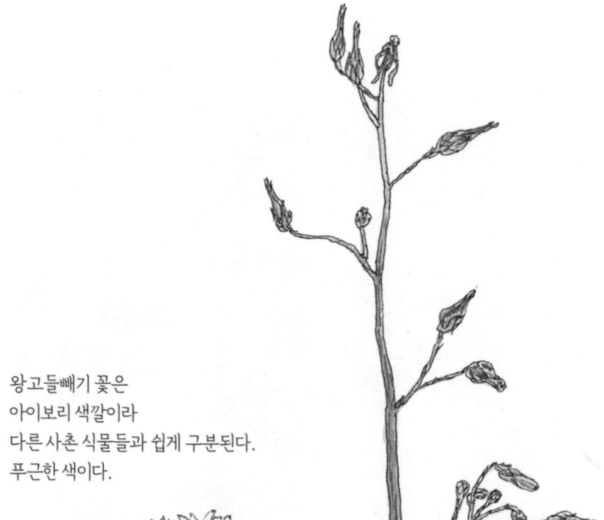

왕고들빼기

맨 위에 달린 잎

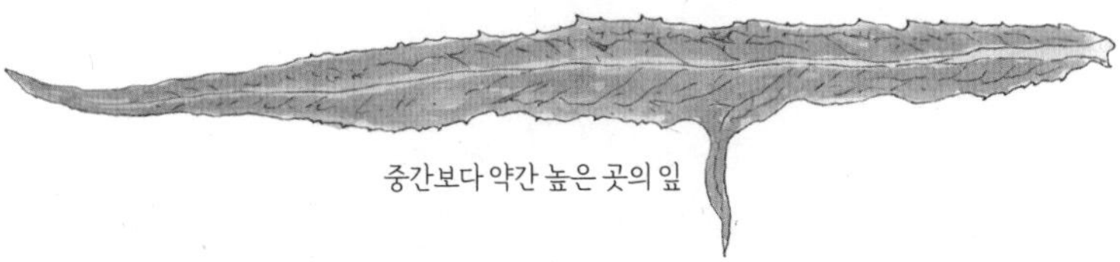

중간보다 약간 높은 곳의 잎

왕고들빼기 잎

가을이 가까워서인지 잎이 질기다. 줄기 아래쪽에 달린 잎은 많이 갈라지는데 위로 갈수록 결각이 적고 매끈하다. 담쟁이 잎도 맨 아래는 3출엽이다가 위로 갈수록 단순해지며 홑잎이 된다. 같은 이치인 걸까? 그런데 왜 그럴까? 아직 알 수가 없다.

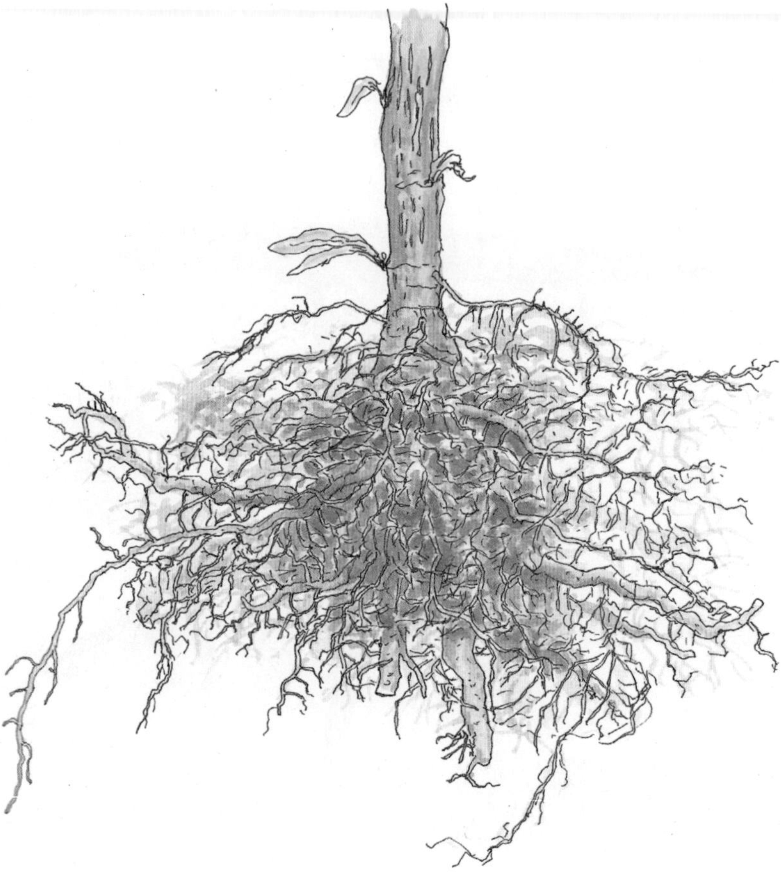

뿌리

뽑았더니 뿌리가 이렇게 생겼다. 보는 순간 그 아름다움에 반했다. 내가 심지 않았어도 스스로 마당에 날아와 별 볼 일 없는 땅에 뿌리를 내린 왕고들빼기. 하루하루 저 가느다란 실 같은 뿌리를 조금씩 더 뻗으면서 물과 양분을 끊임없이 빨아들여 줄기를 키우고, 새잎도 만들었겠지. 뿌리는 땅속에 있어 그 존재의 중요함을 종종 잊는다. 뿌리 한 올 한 올에도 저마다 사연이 있을 텐데 그림으로 표현할 수가 없다.

자연해설의 기본 원칙 중에 하나는 '눈에 보이는 것을 해설하라'는 것이다. 특별한 이유가 없다면 멀리 있거나 실체가 없는 관념의 것을 말하지 마라, 어제 본 것을 말하지 말고 지금 눈앞에 있는 것에 대해 말하라는 의미이다. 그 원칙이 틀린 것은 아닌데 그렇게 수업을 하다보면 늘 빠뜨리게 되는 게 있다. 바로 뿌리 이야기다.

식물이 살아가는 데 있어 각 기관들은 저마다의 역할을 충실히 해내야 한다. 어느 것 하나 없다면 온전한 삶을 살아가기 어렵다. 그러나 겨울눈이나 잎, 꽃, 열매가 손상된다 해도 식물 자체가 죽음에 이르지는 않는 반면, 줄기가 잘리거나 뿌리가 뽑히면 치명적이다. 특히 뿌리가 없으면 생명체로서 삶을 지속할 수 없다.

뿌리는 식물의 몸을 지탱해 주고, 땅속 양분과 물을 흡수하며, 미래를 위해 양분을 저장해 두는 중요한 기관이다. 뿌리가 있기에 식물은 싹을 틔우고 자랄 수 있다. 모든 생명체에겐 물이 절대적으로 필요하다. 땅에 뿌리를 내리고 사는 식물은 비가 한동안 오지 않아도 쉽게 죽지 않는데, 그 이유는 뿌리가 세밀한 몸을 뻗어 깊고 먼 땅속 여행을 해서 결국은 물을 구해 오기 때문이다. 땅속에 박혀 보이지 않는 뿌리의 존재를 늘 생각하면서 식물을 관찰하자.

쇠서나물도 있는데 그 서나물과는 다른 종류다. 쇠서는 '소 혀'라는 뜻으로, 여기서 서는 혀다. 그런데 붉은서나물이나 주홍서나물의 서는 정확히 어떤 뜻인지 모르겠다.
이 풀도 우리 집마당에 있는데 왕고들빼기만큼 잘 자라고 키도 크다. 솜털 씨앗을 만드는 식물들은 씨앗을 바람에 멀리 날려 보내기 위해 키가 크게 자라는 편이다.

꽃이 활짝 피지 않고 조신하게 있다가 갑자기 확 솜털이 생긴다.
당연히 수분이 이루어져 씨앗이 되었을 텐데, 꽃이 넓게 펼쳐지지 않고
좁게 오므린 상태에서 수분이 되는 것이 신기하다. 이 좁은 곳에 곤충이
날아와 앉다니, 곤충이 얻어갈 뭔가가 꽤 달콤한 모양이다.

2016. 9. 9. 전주집

붉은서나물

등골나물이라는 말이 참 재밌다. 영어 이름에는 'boneset'이란 단어가 들어간다고 한다. 접골과 관련이 있다! 그럼 그냥 '골나물'이라고 해도 되었을 텐데 왜 등골일까? 하도 여기저기 많이 자라서 뽑아대느라 등골이 빠진다는 말을 하고 싶었을까? 실제로 북미 인디언들은 등골나물 뿌리를 접골하는 데 활용했다고 한다.

서양등골나물

잎 끝이 뾰족한 걸 보니 싸리 중에서도 조록싸리 같다.
싸리 종류가 여러 가지 있는데 일일이 구분하기는 쉽지 않다.
다른 콩과 식물들이 뿌리혹박테리아에 의해
땅을 비옥하게 해주는 것처럼
싸리도 마찬가지 기능을 할 것이다.
줄기의 탄성이 좋아 예부터 생활도구를 만드는 데도 많이 사용되었다.

2016. 10. 18. 전주 다가산

꽃이 이런 순서로 점차적으로 핀다.

다른 콩과 식물들과
비슷하게 생겼다.
용골을 내리면
암술 수술이 올라온다.

조록싸리

꽃 색깔이 매력적인 갈퀴나물도 콩과 식물이다.

꽃이 아래쪽부터 피고
위로 갈수록 나중에 핀다.

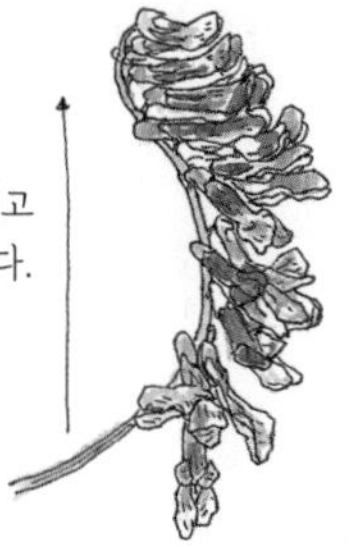

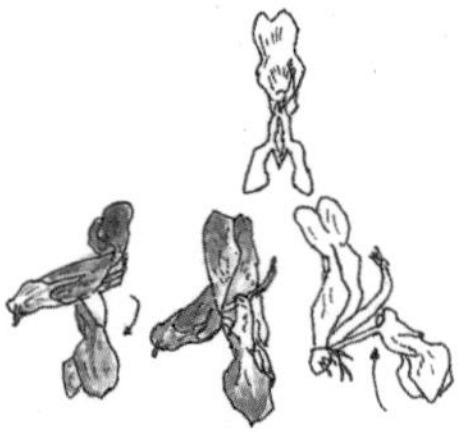

콩과 식물 특유의 꽃 모양이다. 색깔이 오묘해 물감으로 도저히 흉내 낼 수가 없다.

이 부분은 좀 특이하다. 꺾으면 꺾인 그대로 있고 다시 접으면 잘 접힌다. 형상기억합금 같은 느낌이다. 벌이 와서 앉으면 갑자기 뚝하고 가라앉을 것 같다. 놀라서 재빨리 수술로 옮겨 앉을 듯.

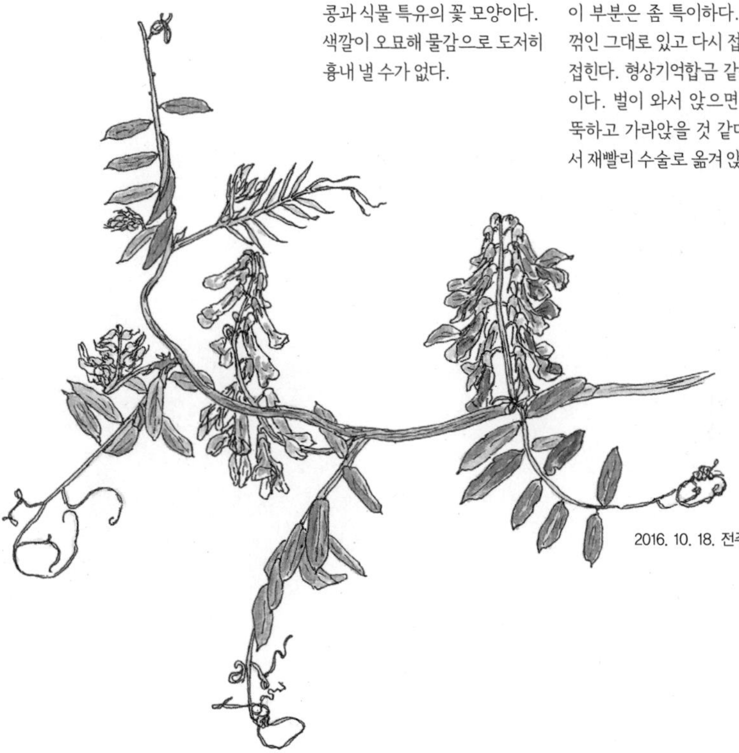

2016. 10. 18. 전주천

무화과는 '꽃이 없는 과일'이라는 뜻이다. 세상에 꽃 없이 열매가 만들어지는 식물도 있나? 아마 없을 것이다. 무화과는 우리가 먹는 부분이 바로 꽃이다. 꽃이 열매 안쪽에 핀 것이다. 열매를 쪼개보면 안쪽에 안안이 꽃들이 뭉쳐 있다.
무화과를 수정시키는 곤충은 따로 있다. 이름도 무화과말벌이다. 무화과는 열매 끝에 수꽃이 달리고 열매 안쪽 깊숙이 암꽃이 생기는데, 다른 무화과 열매에서 꽃가루를 묻혀 온 말벌이 무화과 열매 안으로 깊숙이 들어가 알을 낳는다. 그 알에서 애벌레가 나와 열매 속을 파먹으며 자라다가 성충이 되면 열매를 뚫고 나와서 다른 꽃으로 옮겨간다. 정말 신기한 공생 관계다.

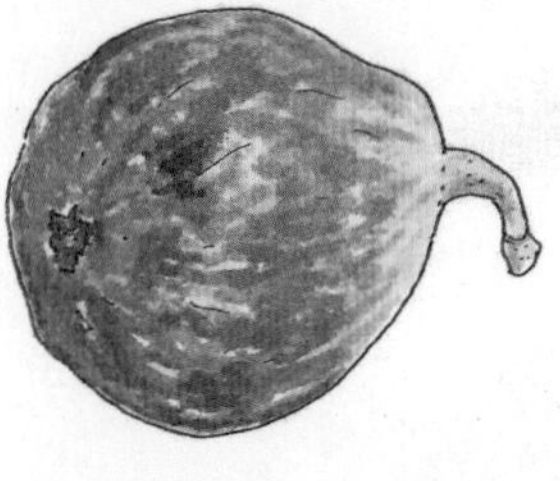

2016. 10. 26.

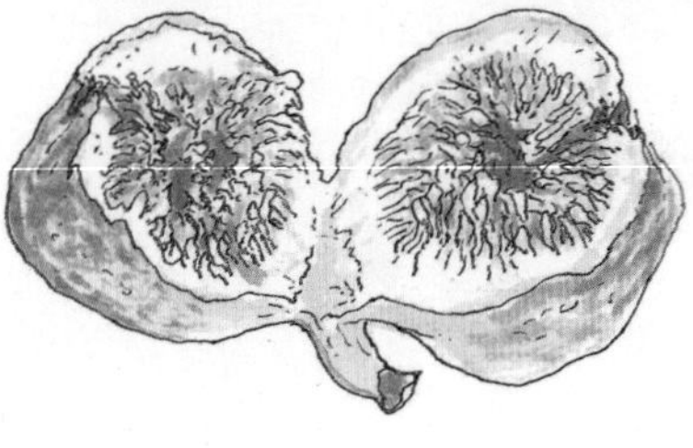

무화과 잎
시장으로 점심 먹으러 가던 중에 화분에 심어진 무화과 잎을 보았다. 한겨울인데도 아직 잎이 달려 있다. 바닥에 한 장 떨어진 것을 주워서 그렸다.
12. 5.

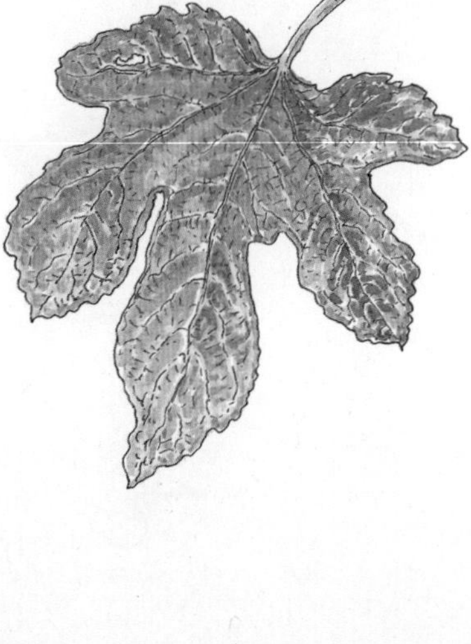

무화과

도감을 보면 목화 꽃은 8~9월에 핀다는데 아직도 피어있다. 자연 관찰을 하다 보면 통계로 정리된 도감과는 다른 정보를 얻게 될 때가 있다.
꽃이 곧 열매가 되고 솜이 나오겠지? 목화솜의 역사와 장점은 말해도 끝이 없을 정도다. 다른 식물과 달리 목화를 보면 따뜻한 옷이 연상되어 마음이 포근해진다.

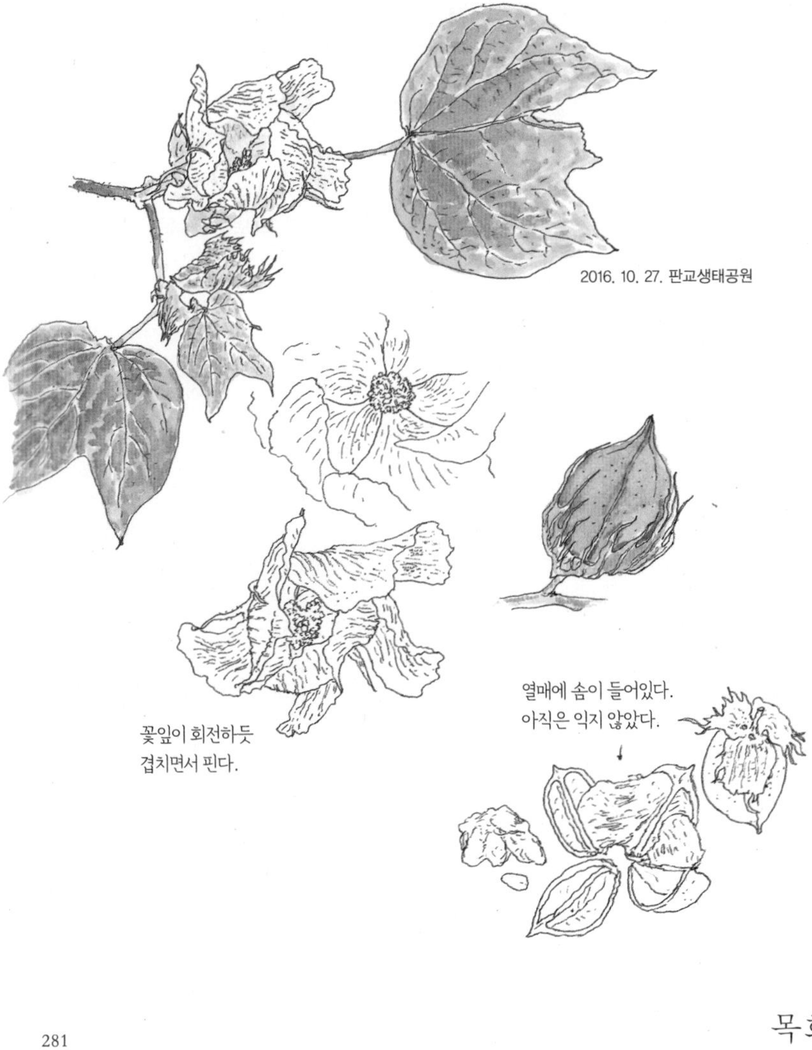

우리는 잘 모르는 풀을 그냥 '잡초'라고 부른다. 혹은 '이름 없는 풀'이라고 표현한다. 잡초는 사람의 욕망에 의해 탄생된 이름이다. 잡초의 '잡'은 복잡하다의 雜이다. 세간에서는 쓸모없음을 뜻한다. 내게 쓸모없으면 모두 잡초라는 얘기다. 잡초가 따로 정해진 것도 아니다. 배추밭에 민들레가 있으면 민들레가 잡초이고, 민들레 농사를 짓는데 배추가 자라면 배추가 잡초이다. 즉, 잡초는 우리 마음속에서 자란다.

이름 없는 풀도 없다. 내가 이름을 모를 뿐이지, 모든 식물은 이름을 갖고 있다. 모르는 풀을 보면 생명의 다양성 앞에 겸손해하면 된다. 호기심을 갖고 찾아보고 알아 가면 된다. 내가 모르는 것을 '쓸모없다'거나 '존재 이유가 없다'고 여기는 것은 어리석다.

여름부터 가을까지 길가에 들풀이 아주 많다. 때로 허리 높이까지 무성하게 자라난 들풀들을 감상하면서 각각의 생존 전략과 다른 생명과의 관계성을 생각해 보는, 조금은 겸손한 시간을 가졌으면 좋겠다.

여기저기 박주가리 꽃이 한창이다. 타고 올라갈 것만 있다면 어디든지 뻗어가는 녀석. 가을이 되면 도깨비 방망이처럼 생긴 열매가 익고, 그 안에서 솜털을 단 수백 개의 씨앗들이 터져 나와 우산처럼 하늘로 날아간다. 그런데 꽃향기가 이렇게 좋다니…. 처음 알았다. 어디서 맡아본 향과 비슷하다. 칡꽃?

박주가리

논두렁이나 밭둑에서 아주 흔히 볼 수 있는 풀이다. 어릴 때 소를 끌고 풀을 먹이러 나갈 때면 이 풀이 많은 쪽으로 갔다. 그래서 뚝새풀을 보면 자동으로 소가 떠오른다.
논둑에 뚝새풀이 많이 사라고, 그것을 그냥 두는 이유가 있다. 바로 그런 풀들의 뿌리가 흙속에서 촘촘히 얽혀 논둑이 허물어지지 않게 해주기 때문이다.

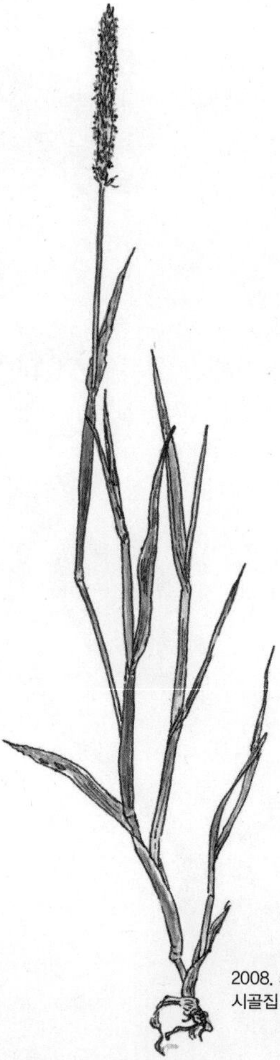

2008. 5. 26.
시골집

뚝새풀

바랭이가 번식력이 강한 것은 씨앗으로도 번식하고, 뿌리로도 번식하고, 줄기로도 번식하는 다양한 작전을 쓰기 때문이다. 외떡잎식물들은 마디에도 생장점이 있어 생존에 엄청 유리하다. 이런 풀들을 잡초라 비하해 부른 까닭에는 없애도, 없애도 또 생겨나는 엄청난 번식력이 한몫했을 것이다.

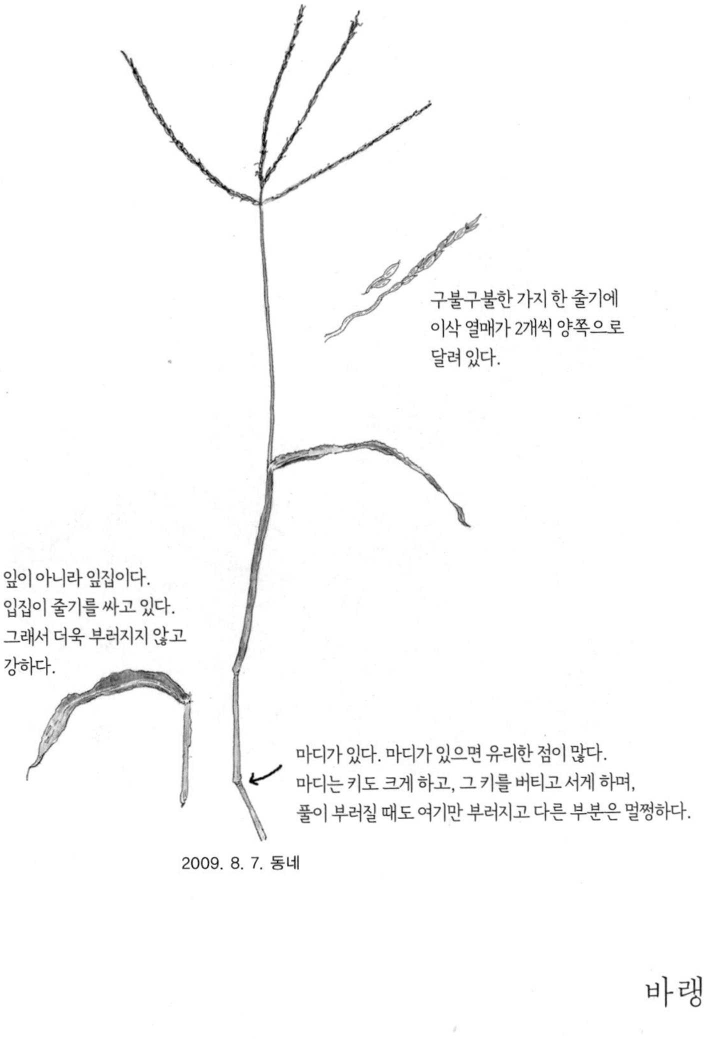

2009. 8. 7. 동네

복슬복슬한 꽃대가 없을 때는
강아지풀인 줄 모르겠다.
우리는 어떤 한 가지로만 대상을 기억하고
그 기억에 의존해 판단하는 경우가 많다.

2016. 6. 28.
전주천

강아지풀

이삭이 강아지 꼬리를 닮아 강아지풀이라고 한다. 어디서나 볼 수 있는 흔하디흔한 풀이다. 꽃이라고 하면 여러 가지 색깔을 상상하면서도 녹색 꽃은 잘 떠올리지 못하는데, 우리 주변에 녹색 꽃도 의외로 많다. 강아지풀처럼 벼과에 속하는 풀들이 주로 그렇다. 녹색 꽃을 피우는 식물은 곤충을 부르지 않고 바람을 통해 꽃가루받이를 하는 경우가 많다. 그러니 화려할 필요가 없다.

사실 강아지풀은 다른 풀에 비해 적은 양으로 광합성을 할 수 있는 C4 회로를 갖고 있다. 건조한 지역에서도 잘 살 수 있는 설계다. 보잘 것 없다고 여겨지는 풀들도 이렇게 우리가 몰랐던 대단함을 갖고 있다.

2016. 9. 22. 판교

토끼풀

토끼가 잘 먹는 풀이라서 토끼풀이다. 한 자리에 넓게 퍼져 자라는데 그게 한 개체일 확률이 높다. 잔디처럼 땅속줄기로 뻗어나가기 때문이다. 세잎클로버의 꽃말은 행복이고, 네잎클로버는 행운을 뜻한다고 하는데 호사가들의 말일 뿐이다. 그런 잎 고르는 재미 때문일까? 귀화식물임에도 토끼풀을 싫어하는 사람을 별로 못 봤다.

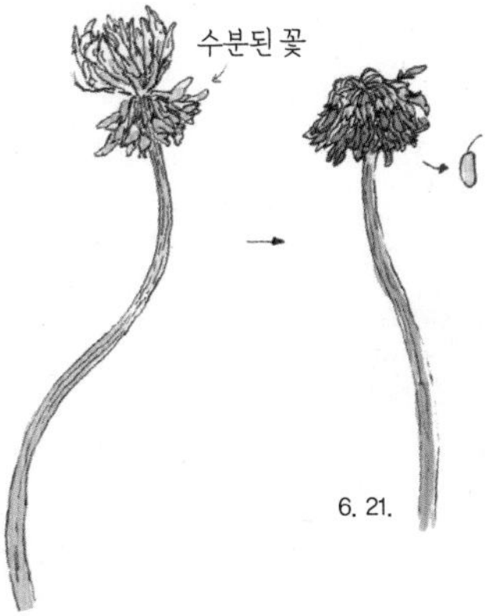

수분이 되면 꽃잎이 아래로 처진다.
곤충들에게 수분된 것과 그렇지 않은 것을
구분하려는 걸까? 그렇다면 곤충은
쓸데없는 움직임을 줄일 수 있겠다.

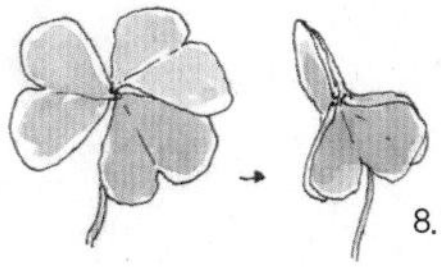

토끼풀과 비슷하게 생긴 괭이밥

잎을 떼어 먹으면 신맛이 난다. 어릴 때 간식 삼아 잘 뜯어먹었다. 요즘 아이들도 신맛 나는 과자를 많이 먹던데 어릴 때는 왜 신맛을 좋아할까? 잎에 '수산'이 들어있어 쇠붙이를 닦으면 윤이 난다. 괭이풀은 저녁이 되면 잎을 오므린다. 열에너지 방출을 막기 위해서라는데 효과가 얼마나 클지는 모르겠다. 수분과도 관련이 있지 않을까 싶다.

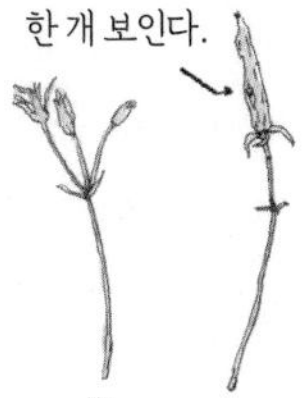

괭이밥 꽃과 열매

풀도 단풍이 든다

가을이 되면 풀도 단풍이 든다. 나온 지 오래된 아래쪽부터 물들기 시작한다. 단풍은 식물의 녹색 잎이 하던 일을 멈추고 죽어가는 과정에서 생기는 현상이다. 풀도 가을이 되어 말라 죽어갈 때 단풍이 든다. 풀은 나무와 달리 잎만 물들지는 않는다. 나무는 이파리만 광합성을 하지만 풀은 줄기와 잎 모두 광합성을 하기 때문에 줄기도 같이 물든다. 풀 중에는 붉게 물드는 것들이 많다. 풀 단풍도 꽤 봐줄 만하다.

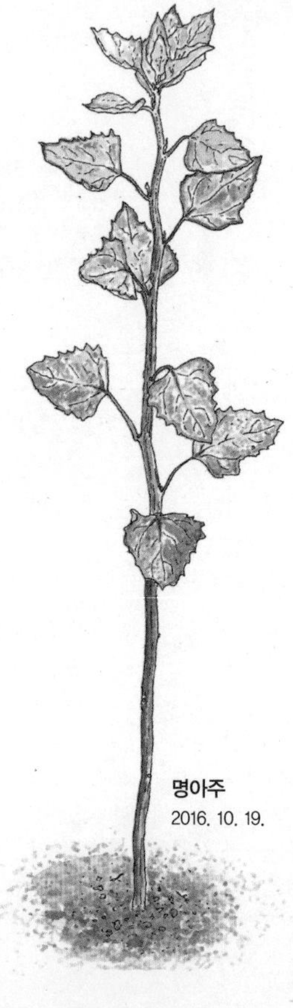

명아주
2016. 10. 19.

풀 중에 단풍이 멋지게 드는 것 중 하나다. 정말 흔하디흔한 풀인데, 가을이 되었다고 아래에서부터 붉게 물들어가고 있다. 그것을 감상한 적이 없었던 것 같다.
남원에 갔다가 시내에 흐르는 강 이름이 요천이라는 얘기를 듣고 요사스럽다는 뜻인가 했는데, 알고 보니 여뀌 요(蓼) 자라고 한다. 강 이름에 식물 이름을 넣다니 참 신기하다. 그만큼 여뀌가 많고 아름다웠겠지? 선조들은 그 아름다움을 이미 알고 있었다. 낭만적이다.

연분홍색의 작은 꽃들이
이삭처럼 붙어있다.

2016. 10. 30. 전주천

개여뀌

지금 당장 시작하고픈 당신을 위한

황경택의 자연관찰 드로잉 수업

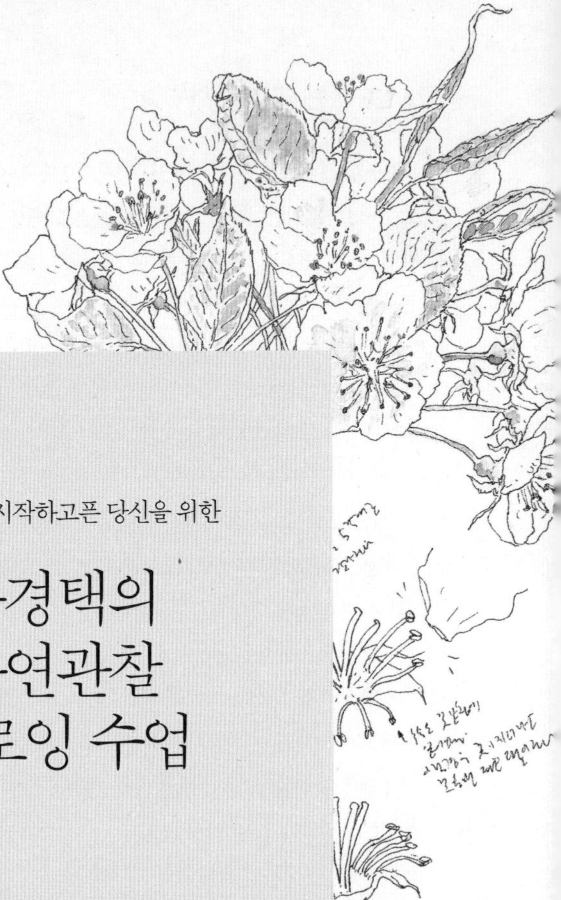

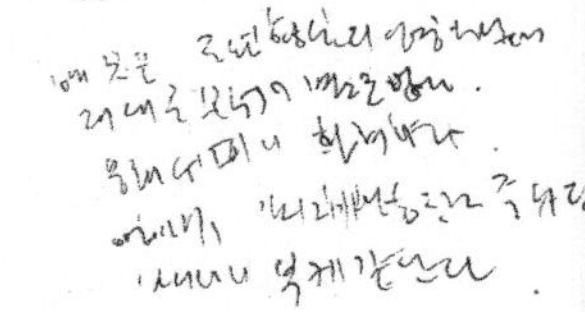

우리는 왜 그릴까?

나는 오늘도 그림을 그린다. 연필로도, 펜으로도, 눈으로도, 마음으로도. 우리는 왜 그림을 그리고 싶어 할까? 인간이라서 그렇다. 인간은 그림을 그리고 싶어 하도록 태어났다. 어린아이를 보면 알 수 있다. 아기들은 누구나 그림을 그린다. 그것은 먹고, 싸고, 자고, 울고, 노래하고, 춤추는 것과 같은 원시적 충동이다.

인간은 예술적 감성도 타고났다. 1만 5000년 전 구석기 시대 사람들이 그렸다는 라스코 동굴 벽화와 3만 2000년 전의 쇼베 동굴 벽화를 보라. 그보다 오랜 약 40만 년 전 유적에서는 물감으로 추정되는 물질이 발견되었다. 인류는 아주 오래 전부터 예술 활동을 해온 것이다. 그들이 왜 그림을 그렸는지, 잘 그렸는지, 무엇으로 그렸는지는 중요하지 않다. 중요한 것은 그들이 그림을 그리고자 했다는 사실이다. 그들에게도 예술적 충동이 있었고, 지금 우리와 같은 감성을 갖고 있었다는 점이다. 그런데 그것은 왜 생긴 걸까?

인간은 자신을 표현하고 싶어 한다. 말로, 그림으로, 노래로, 몸동작으로, 춤으로, 글로……. 그림은 나를 표현하는 하나의 방법이다. 그런데 왜 표현하려고 할까? 나라는 사람을 찾고 남기고 싶어 한다. 바로 존재감이다.

우리는 모두 죽는다. 인간이 가장 두려워하는 것은 죽음이다. 죽음과 함께 자신이 사라지는 것에 대한 두려움이 있다. 내가 다른 이들의 기억에서 사라진다고 생각하면 허무해진다. 그렇다면 남겨야 한다. 내 흔적을. 말로, 그림으로. 글로. 말은 어느 순간에 사라진다. 그래서 그림을 그리고 그것이 글로 발전하게 되었다.

한편으로 우리는 누구나 매력적인 사람이고 싶다. 다른 이보다 뭔가 잘하는 사람이고 싶다. 외모가 멋지거나, 성격이 좋거나, 능력이 좋거나, 재능이 뛰어나거나, 무언가 더 갖추고 있어야 매력적인 사람의 테두리에 들어갈 수 있다. 그런 이유로 그림도 잘 그리고 싶어 한다. 그리고 우리는 심심해서 그리기도 한다. 늘 밥 먹고 일하고만 살 수는 없다. 놀고 싶다. 그림은 놀이다.

그림을 잘 그리면 뭐가 좋을까?

그림을 잘 그리게 되면 앞에서 말한 자기존재감, 표현력 등이 채워지면서 인생에 충만감을 느낄 수 있다. 하지만 그것은 너무 광범위한 이야기이다. 좀 더 구체적으로 말하면, 관찰력이 좋아진다.

관찰력 없이 그림을 그리기는 어렵다. 또한 그림을 그리다 보면 관찰력이 더욱 더 좋아진다. 관찰력이 좋아진다는 것은 이제껏 보던 것과는 다른 것을 보게 된다는 뜻이다. 즉, 섬세해진다. 귓등을 스치는 바람이 어제의 바람과 달라지고, 볼을 간질이는 햇살도 어제의 햇살과 다르다. 다른 내가 되는 것이다. 세상이 달라진다.

이 얼마나 행복한 일인가? 몸 안의 세포가 다 일어나 그간 흘려보내고 잊고 느끼지도 못하던 것을 보게 만든다. 누구에게나 비슷하게 주어진 삶의 길이. 그것을 더 깊고 넓고 풍성하게 보내는 방법은 바로 '섬세하게' 사는 것이다. 그림을 잘 그리면 섬세해질 수 있다.

섬세한 사람이 되면 다른 분야로도 재능이 확장된다. 만들기도 더 잘하게 되고, 소리도 더 잘 들리고, 노래도 잘 부르게 되고, 글도 더 잘 쓰게 된다. 그림을 잘 그리면 결국 행복한 삶에 다가갈 수 있다. 지구인 모두가 그림을 잘 그리면 좋겠다.

그림을 잘 그리고 싶다면?

그림을 잘 그리기 위해서 해야 할 일은 많다. 하지만 한 가지만 말하라고 한다면, 자연을 그리는 것이다. 꽃, 잎, 열매, 곤충, 새…… 자연물은 종류도 다양하고 형태도, 색상도, 질감도 모두 다르다. 그것을 그리다 보면 어느새 무엇이든 잘 그릴 수 있게 된다.

또한, 방 안에서 죽어있는 사물을 그리지 말고 밖으로 나와 살아있는 생명체를 그려야 한다. 그래야 생명력 있는 그림을 그릴 수 있다. 사진이나 그림을 보면서 그리지 말고 실물을 직접 보면서 그리는 것이 좋다. 그림은 눈앞의 실물을 평면인 종이로 옮기는 일이다. 그런데 이미 평면에 있는 것을 다시 평면으로 옮기는 것은 큰 도움이 되지 않는다. 물론 안 하는 것보다는 낫다. 하지만 같은 노력과 시간을 투자한다면 실물을 직접 보고 그리는 편이 훨씬 좋다.

그림을 그리다 보면 어느덧 명상에 잠기며 그 대상과 만나게 된다. 그러면 자연물들이 왜 그런 형태를 띠는지 이해하게 되고, 몰랐던 사실도 알게 된다. 우리도 자연이다. 자연의 일부이다. 우리 자신을 들여다보고, 주변의 자연을 그리면서 자연과 더 가까워지고 이해하게 된다면 그것만큼 좋은 그리기가 어디에 있겠는가?

지금 당장 밖으로 나가서 자연물을 보고 그려라.

진정한 나 자신을 만나게 될 것이다.

끄적이기 시작하다

그림 그리기를 어려워하지 말자. 그냥 그리면 된다. 그림을 못 그리는 사람은 없다. 노래를 못하는 사람도 없다. 사물과 아주 닮게 그리지 못하거나, 음정이나 박자에 맞춰 노래하기가 어려울 뿐이다. 노래를 못해도 흥얼거리듯이, 그림을 못 그려도 낙서를 하듯이, 가벼운 마음으로 시작해 보자. 일단 아무거나 그려보는 것이 좋다.

안 틀리고 그리는 방법

내가 본 사물을 틀리지 않고 비슷하게 그리는 방법은 뭘까? 아주 간단하다. 지금 내 주머니 속에 들어있는 소지품을 한 가지 떠올려보자. 그것을 최대한 생각나는 대로 정확히 그려보자. 물론 보지 않고 그린다.

이제는 그 사물을 꺼내놓고 보면서 그려보자.

어떤가? 어느 것이 더 잘 그렸는가?

안 틀리게 그리려면 무조건 보고 그리면 된다. 보고 그리면 안 보고 그리는 것보다 훨씬 잘 그린다. 한번 보고 그리기를 한 대상은 다시 안 보고 그려도 처음에 그렸던 것보다 훨씬 잘 그릴 수 있다. 즉, 보고 그리기를 한번 해보는 것만으로도 그림 실력은 늘어난다.

어릴 때 학교에서 한 반에 한두 명은 그림을 빼어나게 잘 그리는 친구가 있었다. 그 아이들은 보고 그리지도 않는데 잘 그렸다. '아, 저 애들 그림을 보니 난 못 그리는 거네. 저렇게 타고난 애들이 있는데 나는 정말 못 그리는 거야' 하고 포기하지 않았던가? 그런데 놀랍게도 그 아이들이 그림을 잘 그리게 된 비결이 있다. 그것은 바로, 방금 우리가 했듯이 집에서, 혹은 학원에서 한번은 보고 그리기를 했던 것이다.

그림 그리기 재능을 타고나는 사람은 없다. 나보다 잘 그리는 사람이 있다면 그는 나보다 먼저 연습했고 많이 연습했을 뿐이다.

선으로 사물 묘사하기

보고 그리면 된다고 하지만 지금 방금 보고 그렸는데도 조금씩 틀리는 부분이 있다. 단순히 연습 부족일까? 물론 그렇다. 하지만 연습하는 방법에서 뭔가 한 가지를 빠뜨려서 그렇다.

그림 그리기가 참 묘하다. 내 눈앞에 있는 의자를 그리고 싶은데 그림을 그리려고 도화지에 펜을 대는 순간, 바로 그 순간에 의자를 안 본다. 아무리 보고 그리려고 해도 종이에 옮길 때는 결국 사물에서 눈을 떼야만 한다. 종이에 집중해야 하니까. 그러니 틀리는 것이다.

그렇다면 우리가 선택할 방법은 무엇인가? 보고 그리되 더 안 틀리게 그리는 법, 이 역시 간단하다. 안 보고 그려도 안 틀릴 만큼만 그리면 된다. 정확히 기억나는 만큼만 그린다. 즉, 조금 보고 조금 그리기를 수차례 반복하면서 그린다. 내 앞의 사물을 1밀리미터만 보고 그림도 1밀리미터만 그린다. 그것을 틀리는 사람은 거의 없다.

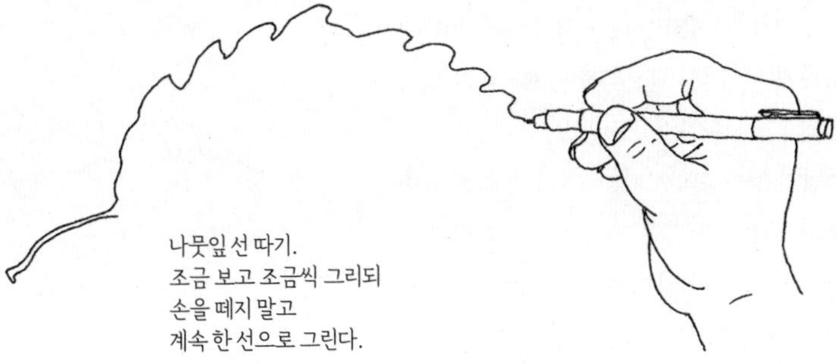

나뭇잎 선 따기.
조금 보고 조금씩 그리되
손을 떼지 말고
계속 한 선으로 그린다.

그림을 못 그리는 사람 대부분은 마음이 앞서서 눈도 앞서는 경우가 많다. 손이 그것을 따라갈 수 없어 틀리는 것이다.

나뭇잎을 그린다고 생각해 보자. 안 틀리고 그리려면 사물과 종이를 번갈아가며 짧은 시간씩 봐야 한다. 손은 계속해서 천천히 움직이고 있다. 눈은 그 손이 안 틀리게 봐주기만 하면 된다. 손을 떼지 말고 한 선 긋기로 갈 수 있는 끝까지 가본다.

전체적인 구도를 먼저 잡고 연필로 슥슥 밑그림을 그린 다음 펜으로 제대로 된 선만 골라 깔끔하게 그리는 방식의 드로잉 수업은 잠시 잊자. 그렇게 구도를 잡고 그리다 보면 오히려 섬세한 것을 놓치게 된다. 큰 덩어리로 사물을 보다 보면 작은 부분을 무시하고 지나가게 된다.

연필을 버리고 곧바로 펜으로 그려보자. 틀리는 것을 두려워하지 말자. 이제 시작인데 틀리는 것이 당연하지 않은가?

공간 그리기

그림 그리기의 출발이 관찰이었다면 다음 단계는 사물을 선으로 인식하고 내가 가진 펜으로 그것을 종이에 옮기는 일이다. 눈앞에 있는 사물을 선으로 묘사할 줄 알아야 한다.

사물의 테두리 선을 따서 천천히 한 선으로 그려나가다가도 펜이 이상한 방향으로 지나가는 경우가 있다. 그렇다면 선이 제자리를 찾아가는 연습도 해보자.

먼저 나무를 그려보자. 나무를 선으로 표현해 보자. 나뭇잎이 많을 때는 나무를 그리기 어렵다. 가을이 되어 잎이 지기 시작하면 나무는 고스란히 자신의 몸매를 보여 준다. 그럴 때 나무의 알몸을 그려보자. 가을이 아닌 계절에는

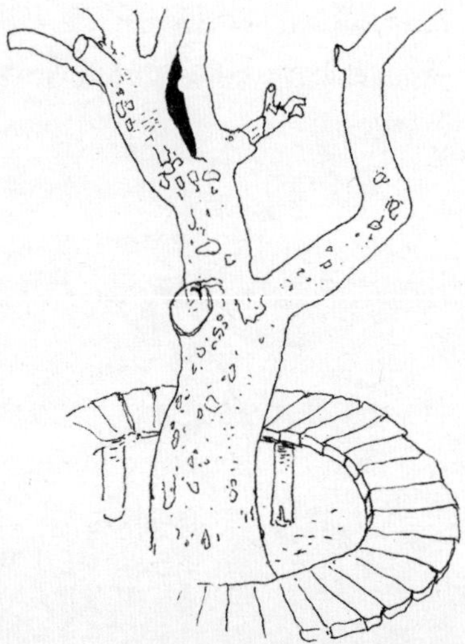

검은 부분을 실제 풍경과 비교해 보자.

뿌리에서 시작해 잔가지로 가기 전의 큰 줄기까지만 그린다. 천천히 선을 따면서 그린다. '내 펜이 지금 나무의 저 부분을 지나고 있구나' 하고 느끼면서 그린다.

다 완성되었다면 실제와 그림을 비교해 보자. 이때, 나무 말고 그 외의 공간이 실제와 같은지를 비교해 본다. 예시 그림에서는 나무와 하늘이 만들어낸 공간의 크기를 비교한다(왼쪽 그림에서 검은 부분이다).

사람들은 그림을 그릴 때 대부분 그리는 대상의 내부만 보지만 주변 공간까지 볼 줄 알아야 한다. 나무와 하늘이 만들어낸 공간 사이에 나의 펜이 있다. 내부와 외부를 동시에 보면서 펜의 위치를 바로잡는다. 그러면 선은 더 정확하게 가야 할 길을 간다.

빨리 그리기

그림을 그릴 때 너무 많은 시간 동안 집중하고 앉아있으면 머리가 아프고 지루하고 힘이 든다. 아무리 복잡하고 커다란 그림이라도 한 시간 이상 앉아있지 말자. 작고 간단한 그림부터 그리기 시작하는 것도 좋은 방법이다.

얼마나 빨리 그려야 할까?

먼저 나뭇잎 한 장을 시간을 재면서 그려보자. 6분 안에 나뭇잎을 다 그려보자.

이제 다시 그려보자. 3분 안에 나뭇잎을 그려보자.

두 그림을 비교해 보자. 6분 동안 그린 그림이 3분만에 그린 그림에 비해 두 배 더 잘 그렸는가? 그렇지 않다. 거의 비슷하다. 그림을 천천히 그린다고 더 잘 그리지는 않는다.

야외에서 움직이는 동물을 만났을 때 천천히 그린다면 그 동물은 이미 지나가고 없다. 급하게 이동해야 하는데 너무나 그리고 싶은 대상이 나타났을 때도 역시 그릴 수 없다. 이럴 때 '난 못해. 안 그릴 거야' 하고 포기하기보다 '간단하게 그리더라도 안 그리는 것보다는 낫다'는 생각을 갖고 시도하는 게 좋다.

그림에 흥미를 잃는 사람들은 시간이 너무 오래 걸려 부담스러워 포기했다는 경우가 많다. 나뭇잎 한 장 정도라면 펜으로 선을 따는 데 3분이면 충분하다. 그런 마음으로 조금씩 속도를 단축하며 그려보자.

하지만 그림 한 장을 그리는 속도는 처음부터 끝까지 일정해야 한다. 어떤 부분은 어렵다고 천천히 그리고 어떤 부분은 쉽다고 빨리 그리면 선의 속도가 달라져서 그림이 산만해 보일 수 있다. 쉬운 부분이나 규칙적이고 반복적인 선이라도 천천히 다른 선의 속도에 맞춰 그린다.

그리고 어느 정도는 생략해서 그린다. 인간의 눈은 가장 좋은 카메라다. 모든 게 잘 보인다. 하지만 내가 갖고 있는 펜으로는 그것을 다 그려낼 수 없다. 펜의 한계를 생각해 펜으로 표현할 수 있을 만큼의 섬세함까지만 그리는 게 좋다.

초정밀 사진처럼 극세밀화를 그리는 게 아니다. 그런 스트레스에서 벗어나야 한다. 차라리 선을 쓸 때 어느 정도 속도감을 줘도 좋다. 오히려 선이 생생하게 그려져 살아있는 그림이 될 수 있다.

재질 표현하기

모든 사물이 같은 느낌을 주지는 않는다. 먼저 플라스틱 볼펜을 그려보자. 대상이 플라스틱으로 만들어졌음을 인식하고 이왕이면 그 재질의 특성이 드러나게 그린다는 마음을 갖자.

이번에는 휴지를 한 장 꺼낸다. 휴지를 한 번 구기고 살며시 펴서 내려놓은 다음에 같은 펜으로 천천히 그리자. 역시 휴지처럼 보이도록 그린다는 생각으로 그린다.

이제 두 그림을 비교해 보자. 무엇을 보아야 할까? 바로 선의 굵기다. 어느 쪽 선이 더 굵을까? 볼펜을 그린 선이 더 굵을 것이다. 나도 모르게 그 물건답게 그리려다 보니 휴지를 그릴 때는 손에 힘을 빼고 그린 것이다. 그것이 바로 질감을 살려 그리는 방법이다.

모든 사물은 저마다 질감이 다르다. 그것을 표현하기는 쉽지 않지만 그것답게 그려야지 하고 마음만 먹어도 얼추 비슷하게 표현할 수 있다.

우리가 그리는 자연물들은 대개 곡선으로 이루어져 있고 형태가 자유롭다. 그리고 꽃잎이나 나뭇잎의 잎맥 등 부드럽고 여린 선으로 표현해야 할 것들이 많다. 휴지를 그렸던 선의 느낌을 잘 기억해 두었다가 자연물 그리기에도 활용해 보자.

입체적으로 그리기 1: 선 그리기

선 따기만으로 입체감을 표현할 수 있을까? 시선을 한 방향으로 유지하면서 그리다 보면 입체적으로 그릴 수 있다.

예를 들어 종이컵을 그려보자. 먼저 책상에 놓고 보이는 대로 그린다.

이제 일어서서 그 위치에서 보이는 대로 그린다.

마지막으로 책상에 턱을 대고 낮은 자세에서 보이는 대로 그린다.

세 개의 종이컵 모양이 다 달라야 한다. 컵의 입구와 바닥 모양 등 어디에도 같은 부분이 없어야 한다. 그래야 잘 그린 것이다. 눈 위치를 고정해 보이는 대로 그리다 보면 선 하나로도 충분히 입체감을 표현할 수 있다.

입체적으로 그리기 2: 명암 그리기

채색을 하면 굳이 펜으로 명암을 넣지 않아도 되지만 채색 없이 입체감을 표현하고자 한다면 명암을 넣는 것이 좋다. 어려운 명함 넣기를 쉽게 하는 방법이 있다.

먼저 도화지 귀퉁이에 명암 팔레트를 하나 만든다. 길쭉한 사각형을 그리고 칸을 5~6단계로 나눈다.

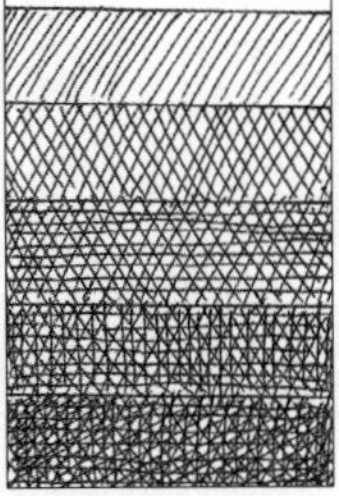

맨 위칸은 0단계로 아주 밝은 단계다. 칸을 비워둔다.

두 번째는 1단계로, 한쪽 방향으로만 빗금을 긋는다.

세 번째는 2단계로, 양쪽 방향으로 빗금을 긋는다.

네 번째는 3단계로, 빗금을 하나 더 긋는다.

그렇게 아래로 내려가면서 빗금의 개수를 늘려가다 보면 점점 어두워지는 명암판이 만들어진다.

미술시간에 석고상 그리기를 하면서 명암을 배우는 이유는 석고상은 하얘서 명암만 보이기 때문이다. 초보자들은 색깔이 있는 사물에서 명암을 발견하기가 쉽지 않다. 그러므로 흰색 물체를 그리면서 연습하는 게 좋다. 가장 쉽게 구할 수 있는 재료는 바로 종이다.

흰 종이를 한 장 찢어서 손으로 구긴다. 어느 정도 구기면 입체적인 도형으로 변한다. 그것을 도화지에 선으로 따서 그려놓는다.

다 그렸으면 눈을 게슴츠레 뜬다. 그 눈으로 종이 뭉치를 가만히 들여다보면 아주 밝은 곳이 보인다. 그 곳이 바로 명암 0단계다. 이곳엔 선을 그리지 않아도 된다.

0단계를 제외한 나머지 부분은 1단계 이상이다. 그러니 빗금을 한 방향으로 넓게 그린다. 0단계를 제외한 모든 곳에 1단계를 적용시키는 것이다. 그렇게 0단계와 1단계만 구분해도 명암 넣기를 반 이상 한 셈이다.

이제 0단계는 잊고 빗금 그어진 부분을 바라본다. 그중에서 역시 밝아 보이는 지점들이 1단계이고 나머지는 2단계 이상이다. 1단계를 제외한 나머지 부분에 빗금을 추가한다. 이런 방법으로 높은 단계마다 빗금을 추가해 나가면 명암이 멋지게 들어간 종이뭉치 그림을 얻게 된다.

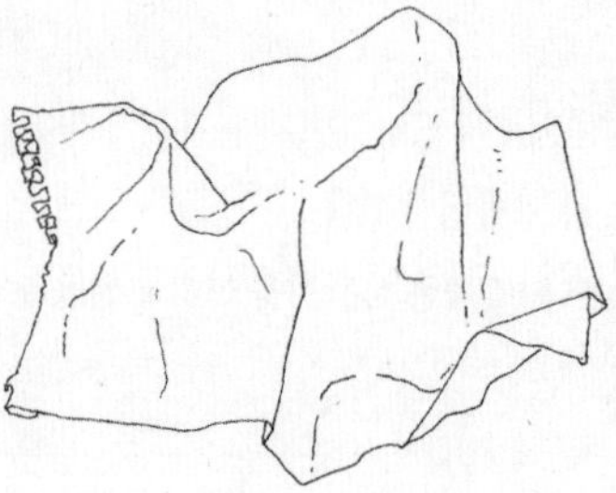

종이를 구기고 그것을 그대로
선으로만 그린다.

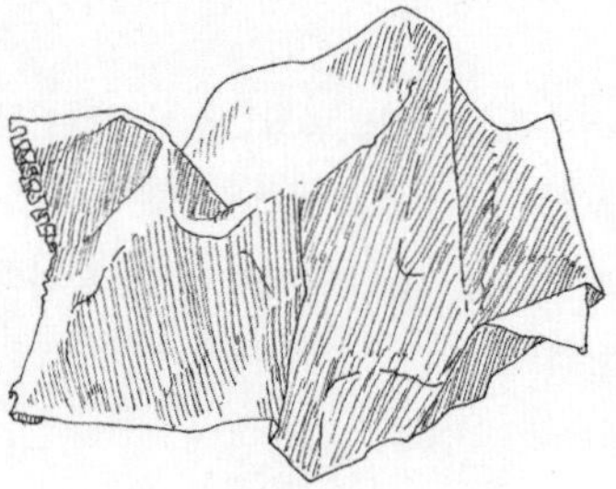

명암 0단계인 부분만 놔두고 나머지에
선 하나를 긋는다.

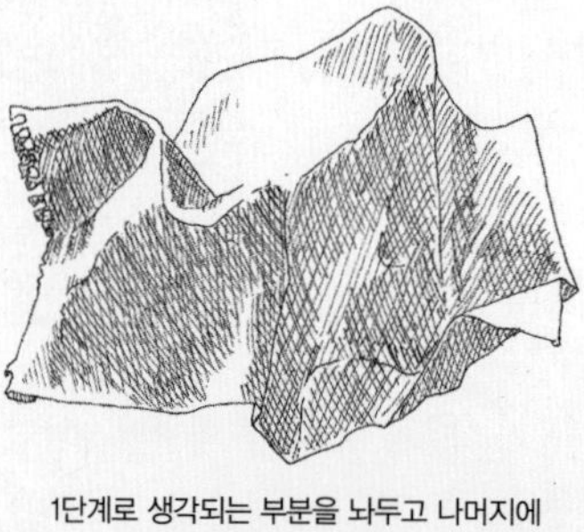

1단계로 생각되는 부분을 놔두고 나머지에
선을 하나 추가한다.

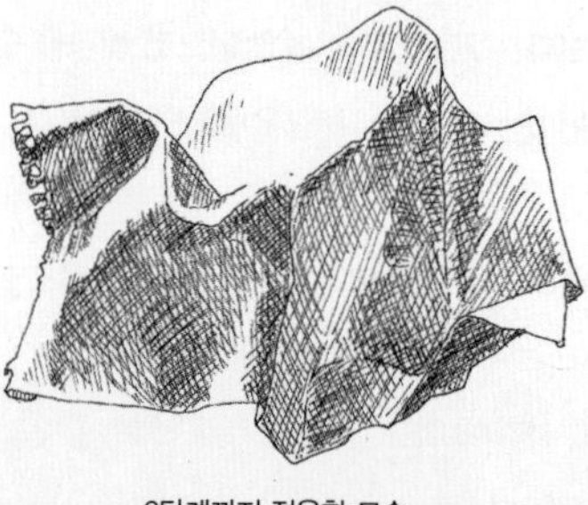

3단계까지 적용한 모습.

입체적으로 그리기 3: 색칠하기

색칠하기도 선 따기와 다를 바 없다. 즉, 보고 관찰한 그대로 칠하면 된다. 사람들이 주로 채색에 실패하는 이유는 보이는 그대로가 아닌 관념의 색을 칠하기 때문이다.

채색하기 전에 어떤 순서로 채색할지 간단히 짚어보자.

첫째, 내가 그려야 할 사물의 색을 읽어낸다. 자연은 무엇이든 한 가지 색이 아니다. 자세히 들여다보면 여러 가지 색이 들어있다. 단풍잎 한 장을 그려도 그냥 붉은색이 아니다. 노란색도 있고 주황색도 있고, 점점이 초록색도 있고, 갈색도 있고, 실로 다양한 색깔이 들어있다.

둘째, 색을 찾는다. 일단 팔레트에서 대상이 지닌 색과 가장 가까운 색을 찾는다. 물론 그 색을 바로 칠하면 안 된다.

셋째, 색을 만든다. 내가 원하는 색이 나올 때까지 몇 가지 색을 섞어가며 만든다. 팔레트에서 만들어진 색과 종이에 칠했을 때의 색은 또 다르다. 자투리 종이에 직접 칠해 보면서 원하는 색을 찾는다.

비슷한 색이 만들어졌을 때 칠하기 시작한다. 처음에는 색깔이 너무 다양한 대상보다는 단순한 대상을 정해 그리기 시작하고, 차차 다채로운 색을 품은 자연물로 옮겨가는 것이 좋다.

채색 재료는 수채화물감을 추천한다. 색깔 찾기와 만들기가 색연필보다 쉽고, 채색의 기본이 되는 물감이라서 잘 익혀두면 나중에 다른 채색도구를 사용하기도 쉽다.

수채화를 그릴 때는 색 입히는 순서가 있다. 밝은 색을 먼저 칠하고 어두운 색을 나중에, 연한 색을 먼저 칠하고 진한 색을 나중에 칠한다. 넓은 면적을 큰 붓으로 먼저 칠하고 좁은 면적은 작은 붓으로 섬세하게 칠한다.

붓질을 할 때도 이왕이면 대상의 특징을 살리며 표현하는 것이 좋다. 단풍이 번진 듯 보이면 물감이 마르기 전에 다른 색을 칠해 번짐 효과를 주고, 단풍이 점 찍히듯이 들었다면 붓도 점찍듯이 찍어가면서 칠한다.

그림자 그리기

자연물을 그릴 때 처음에는 주워서 집에 가져와 그리는 것이 좋다. 곧 정물화다.

정물화는 그림자가 있어야 완성된다. 우리 눈은 이미 사물을 볼 때 그림자를 같이 보고 있다. 그림자가 있음으로 해서 입체감을 느낀다. 그림에 그림자를 빼먹으면 우리 뇌는 이것은 평면이다, 그림이다, 사실과 다르다고 생각한다. 그림자를 넣어줌으로써 비로소 사실과 가까워진다.

그림자는 그 사물이 놓인 책상이나 테이블보다 어두운 색이다. 사물이 흰색 종이 위에 있다면 회색으로 나온다. 회색은 검은색 물감에 물을 많이 넣어 만들 수 있다.

붓으로 직접 그림자를 그려 넣어보자. 그림자도 그림이다. 명확하게 보이는 대로 그리자.

밖에서 그리기

주워서 실내에서 그릴 때는 아무래도 여유 있게 편안한 마음으로 그릴 수 있다. 하지만 주로 낙엽이나 열매 등 죽어있는 것만 그리게 된다. 살아있는 나뭇가지나 꽃, 풀 한 포기를 그리고 싶어진다면 밖으로 나가야 한다. 밖에서 그릴 때는 실내에서와 달리 고려할 사항이 있다.

먼저 햇빛이다. 비오는 날을 피해 해가 뜬 날 그려야 한다는 의미도 있지만, 중요한 것은 햇빛의 방향이다. 햇빛이 종이에 바로 비치면 흰 종이가 빛을 반사시켜 눈에 피로감이 오고 색을 제대로 가늠하기도 어렵다. 그래서 그늘진 곳에서 그리거나 해를 등지고 그리는 게 좋다.

실내에서는 앉아서 편히 그릴 수 있지만 밖에서는 서서 그리거나 쪼그려 앉게 된다. 몇 분 정도라면 그렇게 그릴 수도 있지만 채색까지 할 경우 한 시간 가까이 쪼그려 앉아있기는 어렵다. 그래서 간이의자나 스펀지로 된 깔개 등을 준비하면 좋다. 그런 게 없다면 그냥 맨바닥에 앉아서 그린다. 옷을 좀 버릴 수도 있지만 털면 되니까.

야외에서는 물을 구하기 어려울 때도 많다. 그래서 나는 항상 생수 한 병을 갖고 나간다. 몇 모금 마시고 남은 물은 채색을 위해 사용한다. 물통은 알아서 편한 것을 준비하면 되지만 뚜껑이 있고 주둥이가 조금 넓은 것이 편하다. 나는 주로 플라스틱으로 된 음료수 용기를 들고 다닌다. 음식을 담는 동그란 통도 유용하다.

배경과 함께 그리기

살아있는 풀 한 포기를 그릴 때, 이왕이면 풀이 땅에서 자라는 모습까지 그려주는 편이 더 생생한 느낌이 난다. 풀만 그리지 말고 주변 배경을 같이 그리면 좋은데, 주로 흙을 그리게 된다. 흙도 보이는 그대로 그리는 게 제일 좋다. 하지만 흙 알갱이 입자가 너무 작아 그것을 일일이 관찰해 그리기는 쉽지 않다. 필요에 의해 흙 이야기를 해야 할 때라면 몰라도, 주인공이 풀이고 흙은 그저 배경으로 사용될 거라면 흙 그리기에 너무 많은 시간을 투자하지 않다.

흙을 간단히 잘 표현하는 방법이 있다. 흙도 가만히 관찰해 보면 여러 가지 색으로 이루어져 있다. 흰색부터 황토색, 갈색, 검정, 붉은색과 푸른색까지도. 이렇게 다양한 색깔 중에 주로 흰색의 작은 입자와 색 이름에 이미 흙이 들어간 황토색, 좀 더 진하고 어두운 갈색, 고동색, 검은색으로 이어지는 색깔 조합이 가장 흔한 흙의 색이라는 것을 알 수 있다. 밝은 색부터 순서대로 붓으로 점을 찍듯이 채색해 가면 점점 흙의 모습에 가까워진다.

흙 그리기 과정.
가장 밝은 색부터 어두운 순서로
점을 찍듯이 채색을 더해간다.

다양한 재료로 그리기

그리기에 정답이 있거나 어느 한 가지 방법만 옳다고는 말할 수 없다. 나 역시 다양한 방법으로 그림을 그리는데, 이 책에 소개한 방법은 내가 주로 그리는 방식이다. 이런 방식을 선택한 이유는 시간이 오래 걸리지 않고, 표현도 어느 정도 잘 되기 때문이다. 한마디로, 쉽다.

그러나 그림을 그리다 보면 어떤 경우에는 그림 크기나 색감, 재료 등을 달리해 그리고 싶기도 하다. 또한 기초 과정을 어느 정도 거치고 나면 고급 과정으로 옮겨가 좀 더 세밀하게, 그리고 좀 더 다양하게 표현하고 싶어진다. 그럴 때는 마음 내키는 대로 재료를 골라 시도해 보면 된다. 자신이 좋아하는 재료와 방법으로 그리는 게 맞다.

다만 이 책은 초보자들이 쉽게 시작할 수 있는 방법을 제시하고 있다. 흔히 색연필 그림을 가장 쉬운 그리기 방법으로 선택하는 경우가 있는데, 사실 색연필은 휴대가 간편하다는 장점만 빼면 그리기가 더 어렵다. 색연필로 색채 표현을 섬세하게 하려면 다른 재료에 비해 시간이 훨씬 많이 걸리고, 색감도 미리 정확하게 인지하고 있어야만 칠할 수 있다. 즉, 초보자보다는 경험이 많은 사람에게 더 적합한 재료다.

그래도 다양한 재료 사용법을 두루두루 시도해 보는 것은 아주 좋은 자세다. 무엇보다 '그리기'가 공부나 일이 아닌 놀이로써, 자신을 행복하게 하는 도구로 사용되길 바란다.

글쓰기

그림을 그린 후에는 꼭 메모를 한다. 날짜를 기록하고, 관찰한 내용을 최대한 구체적으로 적는다. 내가 그 대상을 그리고 거기에 대한 글을 쓸 수 있을 때 비로소 사물을 제대로 보기 시작한다. 글로 쓸 수 없다면 제대로 본 것이 아니다.

어떤 사물이 어느 날 내게 낯설게 다가오면서 눈에 띄고, 그것을 그리게 된다. 낯설게 다가온 바로 그 순간이 사물을 처음으로 만난 때다. 전에는 그저 존재했을 뿐 나와 만났다고 할 수 없다.

글 내용은 크게 사실에 대한 기록과 그리고 난 후의 소감이나 느낀 점, 연관된 이야기 등을 적는다. 사실에 대한 기록은 이후 과학적으로 가치를 지닐 수도 있다.

어쨌든 그림을 그렸다면 반드시 글을 써야 한다.

그래야 관찰그림이다.

이름으로 찾아보기

ㅌ

ㅍ

ㅎ

황경택의 자연관찰 드로잉, 두 번째 이야기

꽃을 기다리다

초판 1쇄 발행 2017년 3월 20일
3쇄 발행 2021년 3월 1일

글 · 그림 황경택
편집 박희선
디자인 디자인 잔

펴낸곳 도서출판 가지
출판등록 제25100-2013-000094호
주소 서울 서대문구 거북골로 154, 103-1001
전화 070-8959-1513
팩스 070-4332-1513
전자우편 kindsbook@naver.com
블로그 www.kindsbook.blog.me
페이스북 www.facebook.com/kindsbook

ISBN 979-11-86440-14-8 (03480)

* 이 도서의 국립중앙도서관 출판예정도서목록(CIP)은 서지정보유통지원시스템 홈페이지(http://seoji.nl.go.kr)와 국가자료공동목록시스템(http://www.nl.go.kr/kolisnet)에서 이용하실 수 있습니다.(CIP제어번호: CIP2017005382)

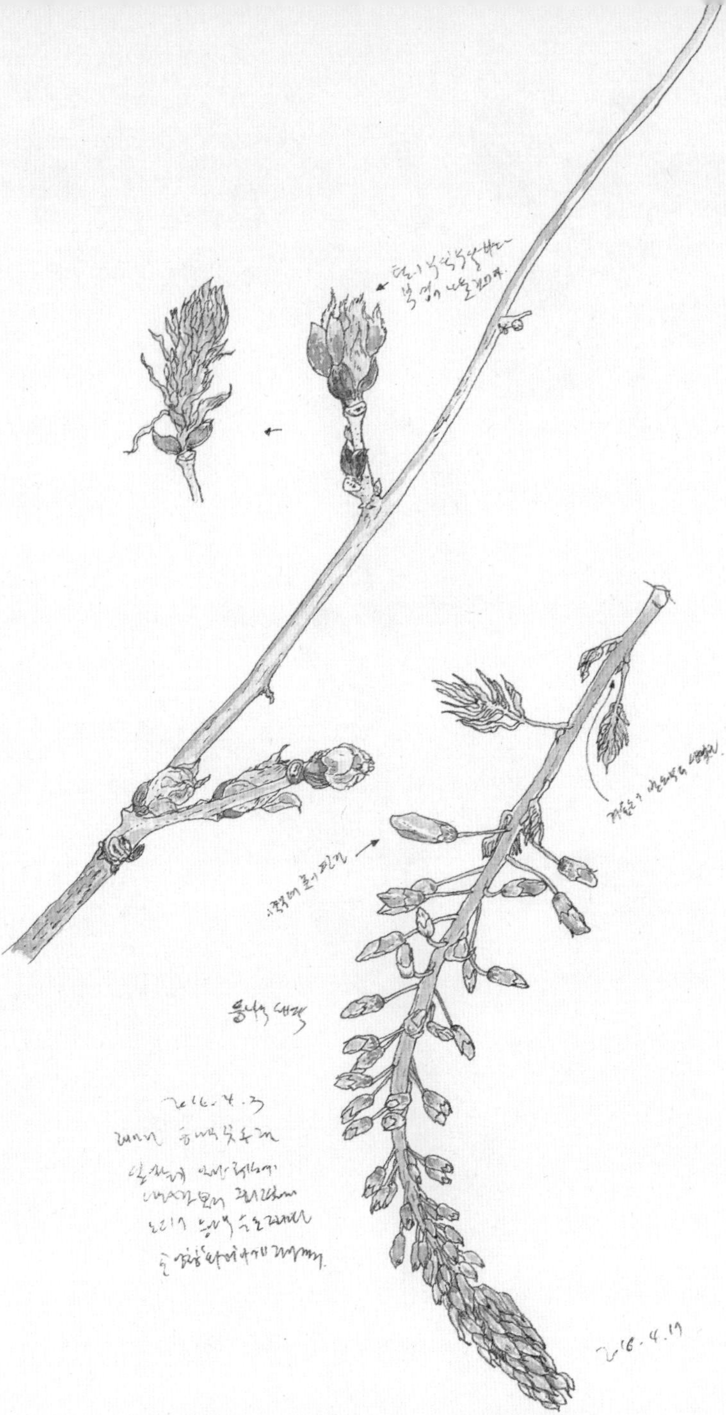

등나무 새싹
2016. 4. 3
2016. 4. 17

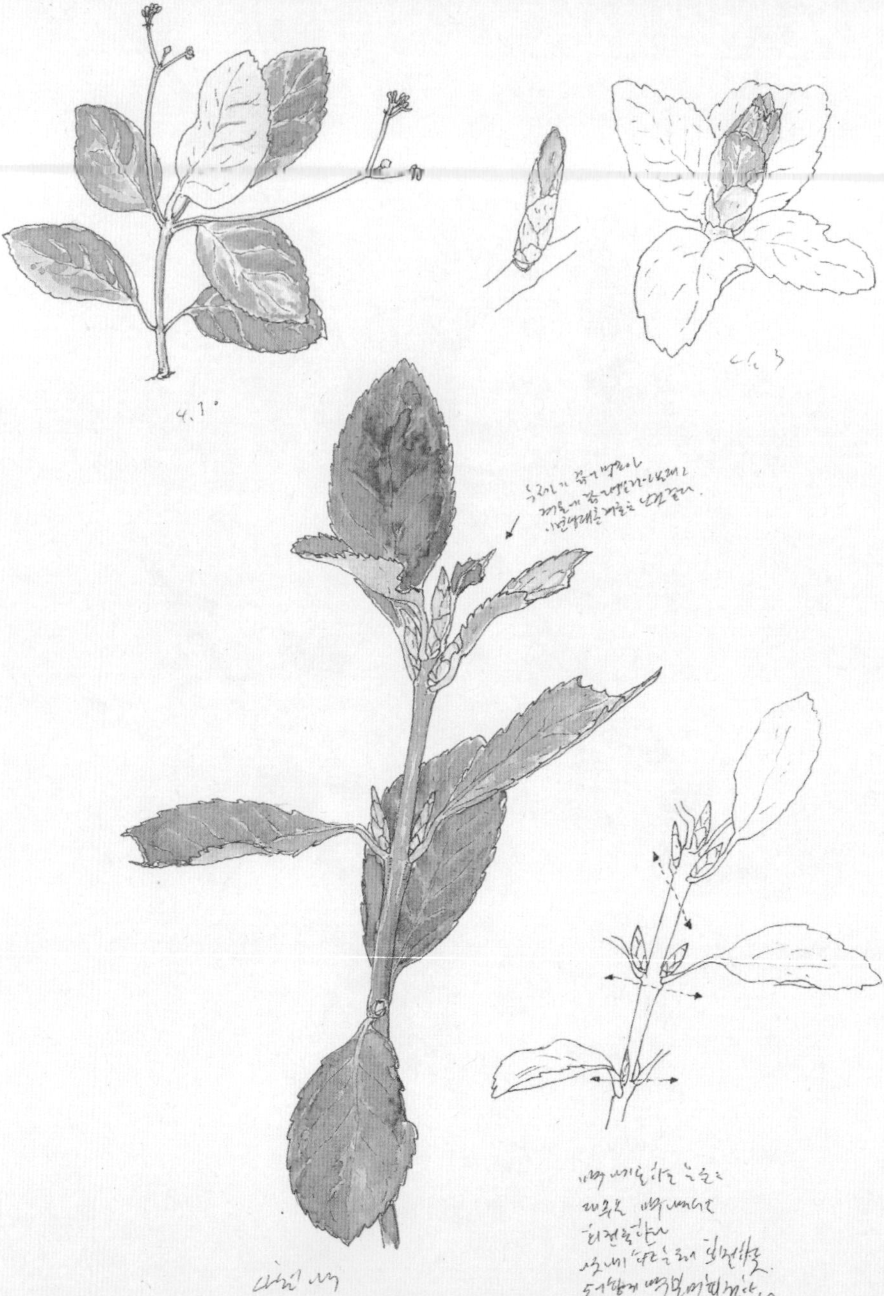